昆虫の集まる花ハンドブック

田中 肇 文・写真

本書の特色

●昆虫の来る花142種を掲載
本書では、昆虫により花粉が運ばれる虫媒花を中心に、少数の鳥媒花を含む142種の花を選び、受粉方法を解説した。花と昆虫との関係には様々な視点があり、それらすべてを掲載できないため、それぞれの花の際立った特徴に重点を置いて記述した。

●学術用語は使用せず日常で使われる言葉で記述
原則的に学術用語は使用しなかった。使用を避けられない場合は、日常語で記述した後、括弧でくくって学術用語を記し、該当する種の解説内に限って使用した。

凡例

① 科・属名、学名、和名、漢字名
科名・属名、和名・学名は、『日本の野生植物』（平凡社）に準拠した。漢字名は、中国名をそのまま用いた種類もあるが、和名の意味を示すため、漢字を当てはめた種類もある。その際の当て字は、私なりの解釈であって異説もある。

② 花粉媒介者
主要な花粉媒介者の所属する分類群名を記した。花粉媒介者が限られる場合は、できるだけ小さい分類群名を用いた。花粉を媒介しない昆虫は、多数訪れていてもこの欄には記入しなかった。

③ 写真とキャプション
本文の理解を助けるカットを採用し、小さい写真では主要部分を拡大して明瞭に示すよう心がけた。キャプションでは、解説を補うような記述を吟味した。

「花びら」という言葉は「花弁(かべん)」と同義と考えられることがあるが、定義された学術用語ではない。そこで、一般の方々の常識的な範囲で、花を構成し視覚をとらえるディスプレー部分を花びらと記述した。例えば、コスモスやタンポポの花びらは植物学用語では舌状花(ぜつじょうか)と呼ばれ、1個の花に相当し、ニリンソウやトリカブトの花びらは同様にガク片(萼片(がくへん))だが、いずれも花びらとした。また、ヤマボウシの4枚の白い苞(ほう)も、花びらと呼んだ。

● **種ごとに3枚の写真を掲載**

花の構造や機能を説明するカットや、訪れた昆虫と花との関係をとらえた写真を3枚ずつ示した。写真とそのキャプションでは、本文中では十分に記述できなかった花と昆虫との関係のおもしろさを、表現するよう努めた。

● **直感的に情報を伝える**

それぞれの花生態学的な分類と花期は、ひと目でわかるようアイコンで示した。

④ **解説**

花は多様な生態的側面をもつが、該当する花の特徴の中で際立つものや、生態的に興味深い点に絞って詳しく紹介した。

⑤ **花型のアイコンの解説と、その型に多い花の色と、花粉媒介者**

独立	放射相称形で餌(蜜や花粉)は露出しているか浅く隠し、まばらに咲き、花間の移動には羽を使う必要がある	白・黄	ハエ・アブ・小形のハチ
集合	餌は露出しているか浅く隠し、小さい花が密集して花間を歩行で移動できる	白・黄	小形のハチ・ハエ・アブ・甲虫
ブラシ	蜜は浅く、花が密集して雄しべ雌しべを長く突き出す	白〜明るい色	ハチ・ハエ・アブ・チョウ・ガ
長管	蜜は細長い筒の底にあり、吸うには細長い口が必要	白・黄	ハナバチ・チョウ・ガ
下向き	放射相称形で、下向きに咲く	白	ハナバチ
はい込み	左右相称形で筒型、花の奥に蜜があり、頭や体を入れて吸う	紫	ハナバチ
操作	左右相称形で、蜜や花粉は花びらを動かさないと採れない	紫	ハナバチ

※この分類は便宜的なもので、自然界ではどちらともつかない中間型が多く存在する。
※花の色は、該当する花型で多く出現する色を示した。
※該当する花型の花を訪れる主な花粉媒介者を示した。なお、本文ではより細分して表記している。

⑥ **花期のアイコン**

おおよその目安として、花の咲く時期を早春・春・初夏・夏・秋・初冬・冬と区分した。

観察する
推理する

花と昆虫の関係を観察し、
推理するときの要点を紹介する。

セイタカアワダチソウに来た
ベニシジミ。10分後にはいない

昆虫の観察

1. まずは昆虫の観察から。特に目的がある場合は別にして、花に昆虫が来ていたら、まず昆虫の行動を観察・記録することから始めよう。今、花に昆虫が群がっていたとしても、10分後には蜜を吸いつくし、1匹もいなくなることが普通だからだ。

2. 昆虫が来ていても、急には近づかないこと。トンボ捕りで経験済みだと思うが、昆虫は急な動きを感知すると、危険を察して飛び去ってしまう。もし写真を撮りたいなら、遠くからでも1枚目のシャッターを切り、2枚目・3枚目とそっと近づきながら撮影することだ。最初からベストショットを狙ったら、逃げられて何も記録できないことになる。

ヤツデに来たツマグロキンバエ。
蜜をなめ体に雄しべが触れた

3. 昆虫が雄しべや雌しべの先に触れるか否かを見極める。花に昆虫が止まっていても、必ず花粉を媒介しているとは限らない。オドリコソウ（p.11）に来ているクマバチのように花に穴を開けて蜜を盗んでいるのかもしれない。あるいはカタバミ（p.27）に来ているヤマトシジミのように、長い口で蜜を吸うだけの昆虫かもしれない。

ニホンミツバチの頭部。
触角はくの字形に折れ曲がる

4. 昆虫の区別
昆虫の区別は難しい。その名がわからなくても、花に来ている昆虫が何のグループかわかると、花との関係も見えてくる。

オオハナアブの頭部。
触角はゴマ粒にヒゲ1本

ハチに似たアブ、ムツボシハチモドキハナアブ（オニシモツケ）

チョウに似たガ、ツバメエダシャク（オトコエシ）

羽が透明でハチに似たガ、コスカシバ（ニラ）

オヘビイチゴ
（左：可視光写真、右：紫外線写真）

● **ハチとアブ**　ハチとハナアブの仲間はともに透明な羽と黄色い横縞模様をもつ。羽はハチは4枚、アブは2枚だが、花に止まっているときに区別しようとしても、羽を閉じてしまうことが多く、枚数を知る手段はない。そのときは触角を見よう。ハチの触角はくの字形に折れ曲がる棒状で、ハナアブ類はゴマ粒にヒゲを1本つけたような形なので、容易に区別できる。

● **チョウとガ**　花との関係では区別の必要はないが、触角が鳥の羽のようだったり、止まったときに羽を三角形にたたみ、その場にピタッと張りついたような形になるのがガだ。それ以外のガとチョウとを肉眼で区別する手だてはない。非難の声が上がるかもしれないが、蝶類図鑑に載っていればチョウ、それ以外はガ、と区別するしかない。

5. 昆虫の視覚

昆虫の複眼は個眼と呼ばれる小さな目の集合で、個眼の1つ1つがデジタルカメラのCCDの最小単位である画素と同じ役をしている。ミツバチの複眼の1つには個眼が約5,000個、したがって両眼でも1万画素しかない。それをデジタルカメラの800万や1,000万画素と比較すれば、いかに解像度が悪いか想像できるだろう。その貧弱な視力でも花を発見し、蜜の位置を見極められるのは色覚があるからだ。しかし、昆虫が見る色の世界はヒトの色覚とは違い、われわれには知覚できない紫外線を色彩として区別し、私たちより多様な世界を見ている。その一例はアブラナ（p.29）で述べた。

観察する 推理する

花の観察

1. 花の形には意味がある。花は急に近づいても逃げないが、やはり離れて観察しよう。観察会などで、花をちぎって高く掲げ「これは○○です。ここに毛が生えているのが特徴です」などと説明する人がいる。雑草などの名を知るにはそれでいいが、花の生活を見ようとするときは、花に手を触れず、離れて観察することが大切になる。その理由は、タチツボスミレ (p.15) やドウダンツツジ (p.51) の項を読めばわかる。そして、花の様々な形や機能は、受粉に有利になるように進化してきた結果だという視点から観察することが、花の生態の理解にせまる近道となる。

2. 花の性表現を見よう。性表現とは雄しべ雌しべがどこに存在し、いつ成熟するかといった様式のこと。雄株雌株に分かれているアオキ (p.66)、同じ株に雄花と雌花が同居するシュウカイドウ (p.36) などの例もあるが、多くの花は同じ花の中に雄しべと雌しべがある両性花だ。両性花でも、雄しべが先に成熟したり(エゾリンドウ：p.14)、雌しべが先に成熟したり(ホオノキ：p.59)、雌雄が同時に熟したりと、雌雄の成熟期は様々だ。これは雌しべが、同じ花の雄しべの花粉を受けるか否かを知る重要なポイントとなる。

3. 花は、受粉方法により3つグループに分けられる。このハンドブックでは (A) 昆虫と鳥が花粉を運ぶ動物媒花のみを取り上げたが、ほかに (B) 風を利用する風媒花と、水流を利用する水媒花を合わせた流体媒花、(C) 雄しべや雌しべが直接触れて受

サラサドウダンは下向きに咲いていることに意味がある

ベゴニアもシュウカイドウの花と同様に雌花（左）と雄花（右）をつける

アマモ（水媒花）。海辺に漂着した米粒状の花をつけた穂

ススキ（風媒花）。雄しべがゆれて花粉を放出する

アブラススキ(風媒花)に
キタヒメヒラタアブが訪れた

花粉を集めにヒナゲシを訪れる
セイヨウミツバチ

キササゲの花の外から口を差し込ん
で蜜を盗むクマバチ

シランは餌を提供せずに
花粉を運ばせる

粉する同花受粉花がある。

しかし、動物媒花・流体媒花・同花受粉花の間に明確な区分はなく、風媒花として知られるオオバコやアブラススキの花にハナアブの仲間が来て花粉をなめ、花粉を体につけて雌しべに運ぶときもある。また、イヌタデのように虫媒受粉のほかに、雄しべと雌しべが触れて同花受粉する花や、スミレの仲間のように虫媒受粉用の花と別に同花受粉専門の花をもつ植物などがある。

推理する

「花と昆虫は助け合っている」とよく言われる。助けるとは相手を思いやって力を貸すことだ。しかし、彼らは「花粉を運んだお礼に蜜をあげよう」「蜜をもらったので、花粉を雌しべまで運んであげよう」などとは考えない。昆虫は餌があるから花に行くのであって、花は報酬の餌はなるべく少なくして昆虫に花粉を運ばせたい。互いに、花は花の利益を、昆虫は昆虫の生活のためだけに活動している。だが、その効率を上げるには、花は昆虫に餌を提供し、昆虫は邪魔だが雄しべ雌しべに触れても仕方ない、と相互に折り合いをつけ、現在、見られる花と昆虫の関係が成立しているのだ。

このようにやや冷めた視点から両者の関係をみると、クマバチによる盗蜜やタマノカンアオイによる子殺しも、ありうるものとして納得できてくる。しかし、これが花と昆虫の関係の解釈の正解ではない。正解は観察したことを基に、あなたが考え導き出した結論なのだ。あなたが見た事実、あなたが考えた結論を大切にして、あなたの花生態学を作っていただきたい。この本がその足がかりになるようにと、私は願っている。

| キク科アザミ属 | *Cirsium japonicum* | マルハナバチ・アブ・アゲハチョウ |

ノアザミ　野薊

雄の時期の花。全体は細長い花が集まった花束に相当する

カラスアゲハ。アゲハチョウの仲間は効率のいい花粉媒介者

コシアキモモブトハナアブ。雄しべの先の花粉をなめている

雄しべや雌しべが、花の上にブラシの毛のように立っている。色が濃ければ雄の時期の花で、雄しべに昆虫が触れると、先から白い花粉が出てくる。昆虫の訪れを感知すると雄しべが縮み、中にあり長さの変わらない雌しべに花粉が押し出されるのだ。雄しべにそっと触れて花粉を出してみよう。

| キキョウ科ミゾカクシ属 | *Lobelia sessilifolia* | マルハナバチ |

サワギキョウ　沢桔梗

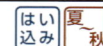

トラマルハナバチ。雄しべの先端がハチの背に触れている

雄しべ。先端の白い毛を花の奥に向けて押すと、花粉が出る

雌の時期の花。花粉がなくなると中から白い雌しべの先が出る

花びらは手の指のように5つに裂け、マルハナバチが来るのを待っている。花の上に弓のように伸びているのが雄しべ。穂の上のほうに咲いている花を選び、ルーペで観察しながら雄しべの先の白い毛の束にそっと触れると、白い花粉がピューと噴き出したり、もこもこと湧き出たりする。こうして、ハチが来たとき背中に花粉をつけるのだ。

| キキョウ科ホタルブクロ属 | *Campanula punctata* | マルハナバチ |

ホタルブクロ 蛍袋

下向き／初夏　紫〜赤紫

花が咲いた株。花の筒部はマルハナバチのサイズにぴったり

トラマルハナバチ。雌しべが熟して先が3つに裂けた花に来た

花柱には花粉が預けられている。花の内側の毛は足場用

キキョウ（p.73）と同様に、花粉は雌しべの柱（花柱）に生えた毛に一時預けられる。蜜は5本の雄しべの基部が囲むドームの中に隠されている。蜜を吸い花粉を媒介するのはマルハナバチの仲間で、花の内側に生えた毛を足場に、花の奥に入る。そのときハチの背に花粉がつき、ハチが雌しべの成熟した花に入れば、その先に花粉がつく。

| ゴマノハグサ科クガイソウ属 | *Veronicastrum sibiricum* subsp. *japonicum* | ハナバチ・ハナアブ・チョウ |

クガイソウ 九階草

ブラシ／夏　紫〜赤紫

花からは雄しべ雌しべがブラシのように突き出ている

コマルハナバチ♂。花の上を歩き回り、花粉を媒介する

コヒョウモン。口や肢の長いチョウでも雄しべ雌しべに触れる

穂に多数の花がつき、長い雄しべ雌しべを四方に突き出した、典形的なブラシ形の花だ。このような形になることで、花を扱う能力の高いハナバチ類はむろんのこと、口の長いチョウの仲間にも雄しべ雌しべの先が触れる。また、口の短いハナアブの仲間は、柔らかい雄しべ雌しべをかき分けて蜜を吸い、花粉を媒介する。

| ゴマノハグサ科サギゴケ属 | *Mazus miquelii* | ハナバチ |

ムラサキサギゴケ　紫鷺苔

はい込み｜春〜初夏

下の花びらに昆虫を誘う黄褐色のガイドマークがある

キタヒメヒラタアブ。花粉をなめるだけで花粉の媒介はしない

ニッポンヒゲナガハナバチはこの花にとって大切な花粉媒介者

立っている三角形の花びらの下に、花粉を待つ白い雌しべの先が見える。楊枝などでこれを刺激するとスウーッと閉じ、昆虫が持ってきた花粉を閉じこめる。花粉を運んでくれるのは、花にもぐり込む習性のあるハナバチの仲間のみ。ヒラタアブの仲間はこぼれた花粉をなめ、チョウの仲間は長い口で雄しべ雌しべに触れずに蜜を吸うだけだ。

10

| ゴマノハグサ科ツルウリクサ属 | *Torenia fournieri* | ハナバチ |

トレニア　Torenia

はい込み｜夏〜秋

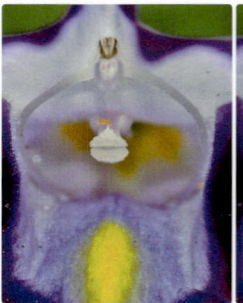

開いている柱頭（左）に触れるとスウーッと閉じる（右）

クマバチ。花粉を媒介せず、花の基部に穴を開けて蜜を盗む

トラマルハナバチ。白い花粉を背につけて移動し受粉を助ける

筒形の花の上部に雄しべ雌しべがある。白い雌しべの先（柱頭）は楕円形で、楊枝の先などで軽く触れると、見ている間に閉じる。ハチが花にはい込むときに柱頭で花粉を受けても、出て行くときには自分の花粉がつかないしくみだ。動く柱頭はムラサキサギゴケで広く知られているが、トレニアは草丈が高く柱頭も大きいので、実験しやすい。

| シソ科ウツボグサ属 | *Prunella vulgaris* var. *asiatica* | ハナバチ |

ウツボグサ　靫草

集合 はい込み 初夏

花の断面。雄しべとY字形の雌しべがハチの訪れを待つ

太い穂にはい込み形の花が多数咲き、集合形にも分類できる

トラマルハナバチ。顔面が雄しべ雌しべの先に触れる

花びらは先が上下に分かれ、上の花びらの下に雄しべ雌しべの先が隠れている。1か所に集まることで、ハチの顔面という1点で花粉を授受させようとするしくみだ。横から見ると雄しべは前を向いており、ハチが来たら花粉をつけるぞ、と待ち構えているかのよう。花が円筒形の穂に多数咲くので、集合形にも分類できる中間的なタイプである。

| シソ科オドリコソウ属 | *Lamium album* var. *barbatum* | ハナバチ |

オドリコソウ　踊子草

はい込み 春〜初夏

花の底に蜜があり、笠の下には雄しべ雌しべがある

クマバチ。花に馬乗りになって筒部に口を差し込み、蜜を盗む

大きさがぴったりのコマルハナバチは大切な花粉媒介者だ

笠をかぶり手に扇を持って舞う姿にたとえられる花。笠の下には雄しべ雌しべの先が隠れている。花の形にぴたりと合うのはマルハナバチ類で、蜜を吸うためにはい込むと背が雄しべ雌しべに触れ、花粉で白く染まった状態で出てくる。より大きく口の短いクマバチは、花の背後に鋭い顎で穴を開けて蜜を吸うため、花粉は媒介しない。

| シソ科ヤマハッカ属 | *Rabdosia inflexa* | ハチ・ハナアブ |

ヤマハッカ　山薄荷

操作 秋

昆虫を待つ状態では、雄しべ雌しべは見えない

ハラナガツチバチの1種。頸に雌しべの先が触れている

下唇が押し下げられ雄しべが出た（雄の時期）

横から見るとのレンゲソウ（p.18）の花を小さくしたような形で、機能も似ている。上に立つ花びらには蜜のありかを示す模様があり、下の花びら（下唇）の中に雄しべ雌しべが納まっている。ハチやアブが来て下唇を押し下げると、雄しべか雌しべの先が現れ、昆虫に触れる。若い花では雄しべが、日を経た花では雌しべが出る。

| シソ科オドリコソウ属 | *Lamium amplexicaule* | ハナバチ・ツリアブ |

ホトケノザ　仏の座

長管 春

長い筒の中の蜜はあまり利用されない。▶は閉鎖花

セイヨウミツバチ。花が落ちたあとのガクの中に残った蜜を吸う

ビロウドツリアブ。口は花の筒の長さと同じで、頭に花粉がつく

10mm以上もある長い筒から蜜を吸い花粉を媒介するのは、口の長いツリアブとヒゲナガハナバチくらい。ミツバチも訪れ花粉を集めるが、長さ5mmほどの口では蜜に届かない。春の畑を赤い花が埋めつくすが、訪れる昆虫はまれだ。しかし、咲かずにタネを作るしくみをもつ花（閉鎖花）がたくさんつき、街中でも繁殖している。

| クマツヅラ科ムラサキシキブ属 | *Callicarpa japonica* | ハナバチ |

ムラサキシキブ　紫式部

集 初夏

長さ5mmほどの紫色の花が集まり昆虫を誘う

コマルハナバチ。花を抱え込むようにして花粉を腹で受ける

雄しべ。昆虫の重みで下を向き、小さな口から花粉がこぼれる

少し香るが蜜は分泌せず、昆虫への報酬は花粉だけ。花粉はハナバチの幼虫の成長に必要不可欠な栄養素を含むが、蜜と違って再生産できないため、花は花粉を節約しようとする。花と雄しべはハチが来る前は上〜横向きで、ハチが止まると重みで柄が曲がって下を向き、花粉がこぼれ出る。しかし、雄しべの口は小さく、花粉は少しずつしか出ない。

| クマツヅラ科カリガネソウ属 | *Caryopteris divaricata* | 大形のハナバチ・セセリチョウ |

カリガネソウ　雁草

長管 夏〜秋

花の柄は花のすぐ下で平たくなっていて曲がりやすい

イチモンジセセリ。雄しべ雌しべの先が翅に触れる

クマバチ。止まった瞬間、雄しべ雌しべの先が背に触れる

花びらの中央から伸びた雄しべ雌しべは大きく湾曲し、先端が花びらから遠く離れている。これで昆虫に触れるのかと思うが、ハチやチョウが来たときに見ると、疑問がいっぺんで解ける。花の柄は昆虫の重みで曲がり、花は下を向いてしまう。昆虫は落ちないよう花びらをつかみ姿勢を保とうとする。そのとき雄しべ雌しべの先が背に触れる。

クマツヅラ科ハマゴウ属 | *Vitex rotundifolia* | ハナバチ

ハマゴウ　蔓荊

はい込み　夏

下の花びらに蜜の場所を示す白色のガイドマークがある

セイヨウミツバチ。蜜を吸う間にY字形の雌しべの先が触れる

ミツバチの複眼。小さな点々1つずつが画像の最小単位

長さ2.5cmほどの花で、下の花びらが長く前方に伸び、ハチの止まり場として役立つ。そこにはガイドマークと呼ばれる白色の模様があり、昆虫に蜜への進路を示している。昆虫の複眼の解像力は低く、ミツバチでも両眼合わせてわずか1万画素ほどしかない。そのため花に止まったとき、ガイドマークは蜜を探すための大切な指標となる。

リンドウ科リンドウ属 | *Gentiana triflora* var. *japonica* | マルハナバチ

エゾリンドウ　蝦夷竜胆

はい込み　秋

オオマルハナバチ。花びらを押し開いてはい込もうとしている

花びらの先は軽く閉じていて、急な雨でも内部を守ることができる

（左）若い花の雄しべは中央にあり、後で雌しべと交代する

花は雄から雌に性転換するのに、閉じていることが多く、昆虫が来るのか心配になる。山の天候は急変するので、花びらを開いていると、にわか雨が入って花粉が水に浸かり、生殖能力を奪われてしまう。それを防ぐために、ちょっと曇ると花は閉じるが、花びらをこじ開けてはい込む頭のいいマルハナバチに受粉を任せているので安心だ。

| ミソハギ科ミソハギ属 | *Lythrum anceps* | ハナバチ |

ミソハギ 禊萩

はい込み 夏

長い雄しべと、中くらいの長さの雄しべと短い雌しべがある

イチモンジセセリ。口が長く、花粉媒介にはあまり役立たない

セイヨウミツバチ。長い雌しべの花から蜜を吸う

雄しべ雌しべの長さはそれぞれ長・中・短の3種類あり、（1）長い雌しべと中・短の雄しべ、（2）中の雌しべと長・短の雄しべ、（3）短い雌しべと長・中の雄しべ、という組み合わせの花が別々の株に咲く。別の株の対応する長さの雄しべからの花粉（例：長い雌しべは長い雄しべの花粉）を受けないとタネができず、近親交配は避けられる。

| スミレ科スミレ属 | *Viola grypoceras* | ハナバチ・ツリアブ |

タチツボスミレ 立壺菫

はい込み 春

柄は弧を描いて花をつり下げ、雄しべを下向きに保つ

飛び去る直前、ニッポンヒゲナガハナバチの顔に花粉がついた

雄しべと褐色の膜、その先から雌しべが伸び出る

花は斜め下向きに咲く。5個の雄しべは並んで筒をつくり、先端の褐色の薄い膜が下向きの円錐を作る。さらさらの花粉は雄しべの筒の中から出て、その円錐の中にたまっている。ハチが蜜を吸うとき、白い雌しべの先に触れると膜の配列が乱れ、花粉がハチの頭部に落ちて運ばれる。花が斜め下向きに咲くのは、花粉を落ちやすくするためだ。

| スミレ科スミレ属 | *Viola rostrata* var. *japonica* | ツリアブ |

ナガハシスミレ 長嘴菫

長管 初夏

ビロウドツリアブ。この花では花びらに肢をかける

距のどこに蜜があるか、外からは見極められない

雄しべから距の中に長い角が伸び、その先に蜜を分泌する

花の後ろの10〜19mmもある長い管（距）を、嘴（くちばし）に見立てて名づけられたスミレで、花粉を運ぶのは、長い口をもつツリアブ。タチツボスミレも同じだが、蜜は雄しべから距の中に伸びた2本の角の先に分泌される。距の長さと角の長さは様々で、比例しない。これは、距に穴を開けて蜜を盗むクマバチなどに、蜜の位置を悟られないための工夫だ。

| ツリフネソウ科ツリフネソウ属 | *Impatiens textori* | マルハナバチ |

ツリフネソウ 吊舟草

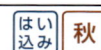
はい込み 秋

花から退くトラマルハナバチの背に、雄しべが白い花粉をつける

ホシホウジャク。雄しべ雌しべに触れずに蜜を吸う迷惑なガ

蜜は花の後のクルッと巻いた管の中にある。白いのが雄しべ

この花の形は、マルハナバチを利用するためにある、といえる。花の太い筒状の部分は、マルハナバチをすっぽりと包み込む大きさ。そして筒の上部にスクラムを組んだ雄しべ、その中に雌しべがある。花粉はハチに簡単に掃除されないよう、肢が届きにくい背面に白く筋状につく。マルハナバチは、50個の花に2時間で333回もはい込んだ。

| マメ科ソラマメ属 | *Vicia angustifolia* | ハナバチ |

カラスノエンドウ 烏野豌豆

操作 春〜初夏

紫〜赤紫

ニッポンヒゲナガハナバチ。下の花びらを押し下げて蜜を吸う

自然な状態の花。下の花びらは凹凸でしっかり組み合っている

ハチが来ると、下の花びらが下げられ雄しべ雌しべが出る

花びらは5枚で、役割を分け合う。上向きに立つ花びらはハチに花の存在を示し、放射状の白い模様で蜜のある場所を指し示す。下にある4枚は組み合って一体となり、中に雄しべ雌しべが入っている。蜜は下の花びらを押し下げないと吸えず、ハチが花びら押し下げると、包まれていた雄しべ雌しべの先が出てハチに触れるしくみになっている。

17

| マメ科ソラマメ属 | *Vicia faba* | ハナバチ |

ソラマメ 天豆

操作 春

紫〜赤紫

葉の腋に大きめな花を咲かせ、ハチの訪れを待つ

雌しべの先端。白い毛でできたカップが花粉をすくい出す

セイヨウミツバチ。下の花びらを押し下げ蜜を吸っている

花の両側の黒く大きな斑点は、ここが花に止まる足場だよと示し、上の大きな花びらの紫色の線が花の中心を指している。花のしくみは、基本的にはカラスノエンドウと同じ。花粉は開花前に花びらの中に放出される。その花粉はハチが花びらを押し下げるたびに、雌しべの先にある毛でできたカップで少しずつすくい出され、ハチにつく。

| マメ科ゲンゲ属 | *Astragalus sinicus* | ハナバチ |

レンゲソウ（ゲンゲ） 紫雲英

セイヨウミツバチが飛び去る瞬間。雄しべと雌しべが見える

雄しべの根元のすき間に蜜が光っている

白い雄しべに包まれた雌しべは、先が少し突き出ている

マメの花の下の花びらを下げると雄しべ雌しべが出るのは、雌しべが花の柄にしっかりついていて、花びらと一緒には動かないからだ。雄しべは動かない雌しべを包み、雌しべに支えられて位置を保っている。ただ、蜜は雌しべの根元から出るので、雄しべは完全な筒にはならず、蜜のある位置にハチが口を差し込むすき間を開けている。

| ケシ科キケマン属 | *Corydalis incisa* | ハナバチ |

ムラサキケマン 紫華鬘

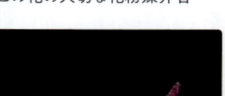

ニッポンヒゲナガハナバチは、この花の大切な花粉媒介者

雄しべ雌しべは、バイオリン形の花びらの中にある

ハチが訪れると、花びらの中から雄しべ雌しべの先が出る

ハチが小さいバイオリン形の花びらを押し下げると、中から雄しべ雌しべの先が出て花粉を授受する。ハチが去ると花びらは元の位置にもどり、雄しべ雌しべを隠す。科が違うカスマグサと花の色が同じで、雄しべ雌しべの収納や受粉方式も似ている。これは、同じハチを花粉媒介者とするため、似た色や機能をもつように進化した結果だ。

| アブラナ科ショカツサイ属 | *Orychophragmus violaceus* | ハナバチ・ハナアブ・チョウ |

ショカツサイ 諸葛菜

長管 春

ニッポンヒゲナガハナバチは口が長く、花粉を運ぶ効率もよい

ツマキチョウ。10mmほどの口で蜜を吸うときに頭が雄しべに触れる

花粉を食べるときに花粉を運ぶアシブトハナアブ

花が咲くと様々な昆虫が訪れ、それぞれの方法で蜜を吸い花粉を食べるが、どの昆虫にも花粉を運ばせてしまう。花は元のほうが1.5cmほどの細長い筒状になっている。そのため、口の長いチョウやハチは蜜を吸えるが、ハナアブの仲間は口が届かない。しかし、露出した雄しべの花粉が餌となり、突き出た雌しべにも触れて花粉を媒介する。

| キンポウゲ科トリカブト属 | *Aconitum japonicum* var. *montanum* | マルハナバチ |

ヤマトリカブト 山鳥兜

はい込み 秋

トラマルハナバチ。花のサイズにぴったりで、腹側に花粉がつく

雌の状態。花粉を受ける状態の雌しべと、淡色の蜜腺（▲）

雄の状態。雄しべは40本ほど、2〜3本ずつ直立し花粉を出す

確実に花粉を運ばせるため、紫色の5枚の花びら（ガク片）が形を変え、3つ役割を分担している。いちばん上の兜形のガク片は、中にある蜜の分泌器官（蜜腺）から直接蜜を吸われないためのカバー。下にある2枚はハチの着陸場となる。楕円形の2枚のガク片は、マルハナバチが必ず雄しべ雌しべの上を通るように、左右からガードしている。

| キンポウゲ科オダマキ属 | *Aquilegia buergeriana* | マルハナバチ |

ヤマオダマキ　山苧環

マルハナバチの1種。蜜を吸うとき、腹側に花粉がつく

若い雄しべは淡黄色、黒いのは裂けた雄しべ

すべての雄しべが花粉を出した後、緑色の雌しべが現れる

花の後ろに立つ5本の長い突起（距）が、この花の特徴。下向きの花に止まるのが得意で、口が長いマルハナバチがやって来て距の中の蜜を吸う。そのとき、花の中心にある雄しべの束がハチの腹側に触れて花粉を託す。若い雄しべは鉤状に曲がっているが、次々と直立して裂け、白い花粉を出す。花粉が出つくした頃、花の中心から雌しべの先が出てくる。

| キンポウゲ科レンゲショウマ属 | *Anemonopsis macrophylla* | マルハナバチ |

レンゲショウマ　蓮華升麻

トラマルハナバチ。蜜を吸い花粉を集め、受粉を手伝う

下向きに咲くのは、マルハナバチの仲間に来てもらいたいから

多数の花弁と雄しべ、中心に2本の雌しべがある

直径4cm前後の大きな花が下向きに咲く。淡紫色で平たく開くガクと、先端が紫色で壺状に開く花弁という、贅沢な装飾をしている。十数枚ある花弁の元のほうに蜜があり、たくさんの雄しべが花粉を出し、昆虫への報酬も多い。花粉を運ぶのはマルハナバチ。下向きに咲くのは、下向きでも花に止まれるハチだけに来てもらいたいからだ。

| ラン科シラン属 | *Bletilla striata* | ハナバチ |

シラン 紫蘭

はい込み / 初夏

雄しべ雌しべが一体になった蕊柱。シュンラン(p.71)を参照

ニッポンヒゲナガハナバチ。頭部に黄色い花粉塊がついている

白い筋のある唇弁を蕊柱が覆い、ハチがはい込む円筒をつくる

蜜はなく花粉も食用にならず、まったく報酬のない花だが、赤紫の花に誘われてハナバチが訪れ、はい込んで餌を探す。1回だけでなく2・3回は花にはい込むが、まったく餌がないことを学習したハチは、それ以後は見向きもしなくなる。でも、花の3〜20%は実を結ぶ。花が咲くのは初夏。若いハチが次々と羽化し、次々とだまされるからだ。

| アヤメ科アヤメ属 | *Iris sanguinea* | マルハナバチ |

アヤメ 綾目

はい込み / 初夏

オオマルハナバチ。雌しべの下にはい込み蜜を吸う

雄しべ雌しべ。雌しべの下に黒く細長い雄しべが見える

ハチが横から入らないようガク片の基部は雨樋形になっている

大きな花びら(ガク片)がハチの着陸場になり、綾目模様が蜜の所在を示す。花びら状の雌しべがその上を覆い、雌しべの下に細長い雄しべが隠れている。マルハナバチが奥にある蜜を吸おうとすると、その背がまず雌しべの先に触れて花粉をつけ、次いで雄しべに触れて花粉を受けとる。アヤメの花1つ1つには、こうしたしくみが3組ずつある。

| アヤメ科アヤメ属 | Iris ensata var. spontanea | マルハナバチ |

ノハナショウブ 野花菖蒲

はい込み 初夏

雌しべの下にはい込み蜜を吸うトラマルハナバチ

ハチは同じ花の花粉がつきにくい経路で移動するようだ

ガク片の黄色い筋は、マルハナバチに蜜のありかを教える

アヤメ（p.21）の花と同様に、ガク片・雌しべ・その下にある雄しべ、という受粉用の単位が3組ある。開花1日目は花粉を出す雄の時期、2日目は花粉も出て雌しべが受粉する両性の時期。両性の時期にハチが同じ花の隣のガク片にはい込むと、近親交配になる。しかし、ハチがそのような行動を取るのは約2割、近親交配する率は低いようだ。

| ユリ科カタクリ属 | Erythronium japonicum | ハナバチ・チョウ |

カタクリ 片栗

下向き 春

ギフチョウ。カタクリの花と時を合わせるように舞う

早春の雨の日は寒く、昆虫は活動せず花は開かない

花の周囲の気温が20℃以上になると花びらが反る

花は、周囲の気温が20℃近くになると炎のように咲く。早春の天候は気まぐれで、時には雪が降ることもある。気温が低いと花粉を運んでくれる昆虫が来ないため、花びらは反り返らない。このように天候の選り好みをしていても、花の命は1週間以上も続くため、その間に1日か2日はある絶好の日に受粉できるのだ。

| ユリ科ホトトギス属 | *Tricyrtis affinis* | マルハナバチ |

ヤマジノホトトギス　山路の杜鵑

トラマルハナバチ。蜜を吸う間に背を雌しべになでられている

コハナバチの1種。小形のハチは雄しべ雌しべに触れない

紫色の斑点のある細い雌しべと花の下の丸い蜜壺が見える（▶）

花は上向きに平らに咲くのに、受粉形式ははい込み形になる。6本の雄しべと6つに分かれた雌しべの先が、花の中心から四方に噴水のように伸び、先端が下を向いている。マルハナバチが蜜を吸うとき、それらが背に触れて花粉が媒介される。蜜は花びらの下にある丸い壺の中に分泌され、ハチは花びらに乗って口を下に伸ばす。

23

| ユリ科ギボウシ属 | *Hosta sieboldiana* | マルハナバチ |

トウギボウシ　唐擬宝珠

花の断面。トラマルハナバチが口を伸ばして蜜を吸っている

トラマルハナバチ。背に花粉をつけて飛び立とうとする

花の穂。ラッパ形の花が、下から上へと順番に咲く

花はラッパ形で元のほうが細くなり、その中に蜜を蓄えている。花にはい込めるのは体の大きなマルハナバチの仲間である。蜜を吸って花から脱出する際、花の中心に向けて鉤のように曲がった雄しべ雌しべの先が背面に触れて花粉がつく。雄しべ雌しべは花の下面に沿って伸びており、ハチを支える足場としての働きもあるようだ。

| キク科タンポポ属 | *Taraxacum platycarpum* | ハナバチ・ハナアブ・チョウ |

カントウタンポポ 関東蒲公英

春

コハナバチの1種。体を花粉で黄色く染めて蜜を吸っている

キタテハ。花粉をつけた雌しべが長いので、チョウにも花粉がつく

ブラシ状の花。花粉をつけた雌しべを林立させ昆虫を待つ

タンポポの花は、形態学的には雄しべ雌しべを備えた花びら状の小さな花が、100個以上集まった集合体。雄しべは細長い筒形で、花粉はその筒の中に出される。筒の中には、周囲に細かい毛が生えた歯間ブラシのような雌しべが通っている。花が咲くと、花粉は筒から伸び出る雌しべの毛に引き出され、昆虫について移動する。

| キク科コスモス属 | *Cosmos sulphureus* | ハナバチ・ハナアブ・チョウ |

キバナコスモス 黄花コスモス

集合 秋

ハキリバチの1種。花束の中心部の花から蜜を吸う

裂いた雄しべの筒。中には花粉にまみれた雌しべの先がある(▼)

まず雄しべの先から花粉が(左)、次に雌しべの先が出る(右)

直径4～5cmの1個の花に見えるのは小さな花の集合で、中心に多数の細長い花が集まり、その周囲をオレンジ色の花びら状の花が飾っている。花粉は黒褐色の筒形の雄しべの中に出され、雌しべの先によって筒の外に押し出される。そのため、雌しべの先には花粉を押す毛が生えている。花粉を押し出した後、雌しべの先が開いて花粉を受ける。

| キク科センダングサ属 | *Bidens pilosa* | ハチ・ハナアブ |

コセンダングサ　小栴檀草　集合 秋　黄

ニホンミツバチ。顔面に花粉をいっぱいつけて蜜を吸っている

キチョウ。肢と口が長く、胴は雄しべ雌しべの先から離れている

ハナアブは飛んでいるとミツバチそっくりで口の長さもほぼ同じ

細長い花が50〜60個集まって花束になっている。花束は直径1cmに満たず地味だが、昆虫には人気があり、ハチ・アブ・チョウが訪れる。ハチとアブは花に乗って蜜を吸い、花粉をつけて花から花へと運ぶ。しかし、チョウは肢と口が長いため体に花粉がつかず、効率のいい花粉媒介者とはいえない。

25

| キク科キリンソウ属 | *Solidago altissima* | ハチ・アブ・ハエ・チョウ |

セイタカアワダチソウ　背高泡立草　集合 秋　黄

ベニシジミ。小形のチョウなら、雄しべ雌しべに触れ花粉を運ぶ

ヒメハラナガツチバチは口が短いため、蜜が吸えるこの花に来る

頭花。花びら状の花などが10個前後集まって構成される

秋が深まると、荒れ地を黄色く染める帰化植物だ。様々な昆虫を集めるので、日本在来の植物の花粉媒介者を奪ってしまうともいわれる。10個前後の小さな花が集まった頭花と呼ばれる花束が、枝の上にびっしりと並び、その枝が円錐形に配列して大きな穂になっている。蜜や花粉が大量、かつ容易に摂れるので、様々な昆虫が集まる。

| シソ科アキギリ属 | *Salvia niponica* | マルハナバチ |

キバナアキギリ 黄花秋桐

はい込み 秋

トラマルハナバチ。葯が降りて腹部に触れている

ハチが来る前、葯は花の上部に収まっている

花の断面。ハチが来て下端が押され、葯が下がった状態

蜜を吸うためマルハナバチが花に入ると、上から花粉の入った紫色の袋（葯）が下りてきてハチに触れる。ハチが去ると葯は元の位置にもどり、次のハチを待つ。花の中には垂直に立つ短い柄（花糸：▶）にシーソーのようについた長い柄があり、その下端を押すと葯が下りてくるしくみだ。元の位置にもどるのは、弾力と接続部の凹凸による。

26

| サクラソウ科オカトラノオ属 | *Lysimachia vulgaris var. davurica* | ハナバチ |

クサレダマ 草レダマ

独立 夏

クサレダマハナバチ。油で褐色を帯びた花粉団子をつけている

香りも蜜もないが、カロリーの高い油脂を求めてハチが来る

雄しべの下部。黄色い粒々に油脂が含まれている

蜜がなく油脂を昆虫への報酬としている珍しい花だ。5本の雄しべは下半分が筒のように一体になっている。その表面に油脂を含んだ黄色い粒々がたくさんついており、ハチは顎で粒々の油脂をかき集めるようにして、花粉と一緒に練って後肢に集める。この油はべたつくのか、その肢を羽より高く掲げて大切そうに飛ぶ。

| アカバナ科マツヨイグサ属 | Oenothera biennis | ガ |

メマツヨイグサ　雌待宵草

[長管] [夏] 黄

シロモンクロノメイガ。蜜を吸っているが、やや小さい

三角形の花粉は粘結糸でつづられ、連なってガに運ばれる

雌しべに直接花粉がつくため、ガが来なくてもよく実がなる

日暮れとともに開花し、翌朝には閉じる。花を訪れるのはガの仲間で、チョウと同様に長い口をもち、羽は防塵・防水性にすぐれた鱗粉で覆われている。そこでこの花は、チョウ媒花と同じように蜜を細長い管に隠し、雄しべ雌しべを前方に出し、花粉を糸でつづり付着しやすくし、ガを雄しべ雌しべに近づけて花粉を一度に多量に運ばせる。

| カタバミ科カタバミ属 | Oxalis corniculata | ハナバチ・ハナアブ |

カタバミ　片食

[独立] [春秋] 黄

ヤマトシジミ。葉は幼虫の餌になり、蜜は成虫が吸う

コハナバチの1種。蜜を吸い、花粉を後肢に集めて持ち帰る

葉の紫がかった株では、赤い模様が花の中心を示す

1個の花が咲いているのはほぼ4時間。日が当たらないと咲き始めない。場所により開き始めの時刻が異なるので、昼間ならいつでも花が見られる。花には比較的小形なヒラタアブの仲間やハナバチが訪れて蜜を吸い、花粉をなめたり集めたりする。また、幼虫がカタバミの葉を食べるヤマトシジミも来るが、細い口につく花粉はわずかだ。

| マメ科エニシダ属 | *Cytisis scoparius* | ハナバチ |

エニシダ Genista

ニッポンヒゲナガハナバチ。雄しべ雌しべが飛び出す直前

雄しべ雌しべがニッポンヒゲナガハナバチの背をたたいた瞬間

上の花びらには、頭を入れる場所を示す細く赤い標識がある

上の花びらは看板で、雄しべ雌しべは下の花びらの中にある。ハチは頭を花の中心に押し込み、下の花びらを押し下げる。すると花が割れて、中から雄しべ雌しべが飛び出しハチの背をたたき、花粉が授受される。小さいハチにはこの操作はできず、結果として飛翔力のある大きいハチが花粉を媒介することになる。蜜はなく報酬は花粉だけ。

| バラ科ヤマブキ属 | *Kerria japonica* | ハナバチ・ハナアブ |

ヤマブキ 山吹

モンシロチョウ。羽に傷がなく、若さと経験の浅さを示している

アシブトハナアブ。花はデートスポットとしても利用される

ニッポンヒゲナガハナバチ。花粉を集める最も頼りになる昆虫

モンシロチョウが八重の花で蜜を吸おうとしていた。一重の花でも蜜がない花だ。このモンシロチョウは花を2個訪れた後、けしてヤマブキの花に止まらなかった。羽化したての経験の浅い昆虫は、こうした誤りをくり返して、色や匂いなどと蜜の有無との関係を記憶するらしい。そして多くの場合、3回で蜜の有無を記憶できるようだ。

| アブラナ科アブラナ属 | *Brassica* sp. | ハナバチ・ハナアブ |

アブラナ　油菜

それぞれの花の中心には紫外線を吸収した模様が浮かぶ

アシブトハナアブ。主にハナアブ類とハナバチが花粉を媒介する

可視光写真。紫外線写真と違い、人には模様が見えない

昆虫はヒトには感知できない紫外線を、ほかの色と異なるものとして認識できる。紫外線だけを透すフィルターを使って写真を撮ると、花の中央に紫外線を吸収した黒い模様が現れる。昆虫たちはこの模様の中心に口を差し込む。ミツバチの複眼は両眼で約1万画素ほど。その不鮮明な映像の中では、この模様は目立ち役立つはずだ。

| ケシ科クサノオウ属 | *Chelidonium majus* var. *asiaticum* | ハナアブ・ハナバチ |

クサノオウ　草の黄

放射相称形で20〜50本の雄しべがブラシ状に突き出ている

キタヒメヒラタアブ。花粉をなめている

ホソヒラタアブ。花に潜むクモを警戒して慎重に近づく

放射相称形に咲くケシ科の花は蜜を分泌せず、花粉を餌に昆虫を誘う。この花には花粉を幼虫の餌にするハナバチの仲間や、花粉をなめるハナアブ類が訪れる。色々な花の花粉の栄養価を分析した結果をみると、いずれもタンパク質や脂質など、蜜からは得られない成分を多く含んでおり、花粉は昆虫にとって大切な食料であることがわかる。

キツネノボタン科フクジュソウ属 | *Adonis amurensis* | ハナアブ・ハエ

フクジュソウ　福寿草

花の凹面鏡は昆虫だけでなく、雌しべも暖め実の成長を早める

ハナアブ。花の中で体を温めながら、栄養豊富な花粉をなめる

茎が伸びると、光を集めるように花は太陽を追いかける

早春に咲く花は、地表近くで開花するものが多い。晴れていれば地表は気象観測で計測される地上1.5mの気温より数度高く、変温動物の昆虫にとって活動しやすい快適な空間である。加えて、この花は光沢が強く凹面鏡のように光を花の中央に集め、訪れた昆虫を暖める。体温が上がった昆虫は元気に飛び回り、花粉を運んでくれる。

メギ科ヒイラギナンテン属 | *Mahonia japonica* | ハナバチ・ハナアブ

ヒイラギナンテン　柊南天

ニホンミツバチ。蜜を吸う瞬間、花は虫に花粉をたたきつける

雄しべは花びらにそって並ぶ。中央の丸いのが雌しべ

昆虫が刺激すると、雄しべが動いてその口に花粉がつく

蜜は雄しべの根元に分泌される。昆虫が蜜をなめるときに口が触れると、雄しべは瞬時に花の中心に向けて曲がり、口の周囲に花粉をたたきつける。こうして花粉は運ばれ、雄しべと同じ高さの雌しべの先につく。細い草の葉先などで雄しべの根元を刺激してもこの運動は起きるので、植物の観察会では人気の高い花だ。

| アヤメ科アヤメ属 | *Iris pseudoacorus* | マルハナバチ・ヒゲナガハナバチ |

キショウブ　黄菖蒲

　　はい込み　初夏　黄

ニッポンヒゲナガハナバチ。花にもぐり込み蜜を吸っている

垂れた花びらが3枚、その根元を花びら状の雌しべ（◀）が覆う

中央に舌状の柱頭、奥に褐色の雄しべがある

大きな3枚の花びらの根元のほうを、黄色い花びら状の雌しべが覆う。花粉を受ける場所（柱頭）は雌しべ先端の小さな舌状の部分だ。ハチが蜜を吸いに雌しべの下にはい込むとき、この柱頭がハチの背の花粉をすくい取る。花から去るとき、ハチの背には奥にある雄しべの花粉がついているが、柱頭の裏側をこするので、その花粉はつかない。

31

| ユリ科ワスレグサ属 | *Hemerocallis dumortieri* var. *esculenta* | アゲハチョウ |

ニッコウキスゲ　日光黄菅

はい込み　夏　黄

ミヤマカラスアゲハ。羽に雄しべの先が触れている

雌しべに触れずに飛び去るトラマルハナバチ

ホソヒラタアブとハエは花粉をなめるだけで、媒介はしない

ラッパ形の花が咲く。よく訪れるマルハナバチやセセリチョウの仲間では、体が小さすぎて長い雌しべの先には触れない。ハナアブの仲間なども訪れるが、花粉をなめるだけだ。花粉を媒介するのはアゲハチョウの仲間で、花にもぐるような姿勢で蜜を吸う。そのとき、はたはたと動かす羽が雄しべ雌しべの先に触れて花粉を媒介する。

| ユリ科ホトトギス属 | *Tricyrtis latifolia* | マルハナバチ |

タマガワホトトギス　玉川杜鵑

はい込み　秋

楕円形で淡黄色の雄しべ雌しべの先は黄色く放射状に伸びる

トラマルハナバチ。蜜を吸う間に雄しべ雌しべの先が背に触れる

花をつけた枝。渓流沿いに生え、マルハナバチが訪れる

花の中心から雄しべが6本、雌しべの先が6つ、噴水形に伸びている。それら雄しべ雌しべの先は下を向いている。外側の花びらの下には乳房のような形の膨らみが2つずつ並んでおり、中に蜜を蓄えている。この蜜を求めてマルハナバチが盛んに訪れる。そのとき、噴水形の雄しべ雌しべの先がハチの背に触れ、花粉が授受される。

| ユリ科キンコウカ属 | *Narthecium asiaticum* | ハナバチ・ハナアブ |

キンコウカ　金光花

ブラシ　夏

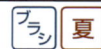

雄しべは黄色い粒々が連なった形の毛に覆われ、花粉は赤い

オオマルハナバチ。後肢に赤い花粉団子が見える

ハナアブ。雄しべの先から花粉をなめ取る

花に蜜はなく赤い花粉だけを餌に昆虫を誘い、受粉させている。だが、花粉は蜜とは違い再生産できない。花粉がなくなっても、ほかの花から花粉を運んで来させるため、雄しべに黄色い粒々を連ねた毛を密生させ、色と肌触りで花粉があるかのように装っている。昆虫はそれにはだまされないのか、実ができた花の率は7～67％と低めだった。

| キク科コスモス属 | *Cosmos bipinnatus* | ハナバチ・ハナアブ・チョウ |

コスモス　秋桜

集合　秋

淡紅〜赤〜橙赤

装飾花（左右）に雄しべはなく、雌しべは痕跡だけ

セイヨウミツバチ。顔面を花粉で黄色く染めて蜜を吸う

トラマルハナバチ。行動がすばやく、効率のいい花粉媒介者だ

1個の花と見えるのは小さな花が集まったブーケで、頭花と呼ばれる。周囲の赤やピンクの花びら1枚1枚は生殖機能のない装飾用の花、中央の黄色い部分は繁殖用の雄しべ雌しべを備えた花（両性花）の集団。頭花の中で役割を分け合い、効率よく昆虫をひきつけて受粉しているのだ。ハナバチやハナアブの仲間が訪れ、花粉を媒介する。

33

| キク科ムカシヨモギ属 | *Erigeron philadelphicus* | ハナバチ・ハナアブ・甲虫 |

ハルジオン　春紫苑

集合　春

淡紅〜赤〜橙赤

頭花は、糸状の花びら1本1本が雌花で、黄色い粒々が両性花

ヒメトラハナムグリ。毛深い甲虫で、花粉をたくさん運ぶ

ツマグロハナカミキリ。花の蜜や花粉が好きな甲虫

糸状でピンクの雌花と黄色い両性花が多数集まり、円盤状で上向きの花の集団（頭花）を作る。その頭花がいくつも咲くので、飛行のコントロールが下手な甲虫には止まりやすいのか、様々な甲虫が来る。甲虫の短い口に合わせるように、雄しべ雌しべも短い。チョウも来るが、肢や口が長いため、雄しべ雌しべに触れず受粉の役には立たない。

| ツツジ科ツツジ属 | *Rhododendron obtusum var. kaempferi* | アゲハチョウ |

ヤマツツジ　山躑躅

長管 初夏

淡紅〜赤〜橙赤

雄しべ。細い糸でつづられた白い花粉がネックレスのようだ

クロアゲハ。蜜を吸うときに腹部の下に白い花粉がついた

花はチョウが好む赤色で、濃い斑点は蜜の所在を示している

花粉を糸でつづって、チョウに絡みやすくしている。チョウの羽の鱗粉（りんぷん）は水をはじき、ごみが付着しにくい、すぐれた性質をもつ。だがチョウにとってはごみでも、花粉は運んでもらわねば困る。そこでチョウのどこかにちょっとでも引っかかったら、雄しべの中の花粉を一度に全部運ばせてしまおうと、花粉を糸でつづりネックレスのようにした。

| ガガイモ科ガガイモ属 | *Metaplexis japonica* | ツチバチ・ハナバチ |

ガガイモ　蘿摩

独立 夏秋

淡紅〜赤〜橙赤

円錐形の蕊柱に花粉塊の1つが入り、受粉した状態（▶）。花の中央に立つ柱は雌しべではない

ヒメハラナガツチバチ。

花粉塊と捕捉体。褐色の捕捉体の中央の溝が昆虫の毛を挟む

雄しべ雌しべが一体となった蕊柱（ずいちゅう）を作る。花粉は楕円形の塊となり、クリップの役目をする捕捉体と連結している。昆虫の口や肢の毛が捕捉体に触れると、それをパチッと挟んで花粉塊（かふんかい）を引き連れて昆虫に移動する。花粉を受ける場所は蕊柱の中にあり、昆虫が運んできた花粉塊が蕊柱の割れ目から内部に入ると、受粉完了。

| サクラソウ科サクラソウ属 | *Primula malacoides* | ハナバチ |

オトメザクラ 乙女桜

長管 春

淡紅〜赤〜橙赤

左：虫ピン型、右：糸屑型。雄しべと丸い雌しべの先（◀）に注目

ニッポンヒゲナガハナバチ。ポットに咲く花にも蜜を吸いに訪れる

糸屑に見えるのが雄しべで、雌しべはその奥にある（糸屑型）

2つの型の花があり、中心に虫ピンの頭状のものが見える花は雌しべが長く、雄しべは花の筒の下のほうにつく。糸屑状のものが見える花は、雌しべが短く、雄しべは上のほうにつく。ハチが蜜を吸うと、虫ピン型の花粉は口先に、糸屑型の花粉は口元につく。そこは別の型の花の雌しべの先に触れやすく、同じ型同士の交配が避けられる。

| アカバナ科ヤナギラン属 | *Chamaenerion angustifolium* | マルハナバチ |

ヤナギラン 柳蘭

独立 夏

淡紅〜赤〜橙赤

上部の花は雄の状態、下部の花は雌しべが開き雌の状態

マルハナバチの1種。昼間、雄の状態の花から蜜を吸っている

マエアカスカシノメイガ。夜にはがが多数訪れる人気の花

穂の上部には新しく咲いた花があり、雄しべが花粉を出し、雌しべの先は閉じて下を向いている。下部の花は開花3日目で雌しべの先が開き、花粉を受ける。マルハナバチは穂の下から上に移動しながら蜜を吸うため、まず運んできた花粉を雌しべにつけ、最後に上部の花の花粉を受け取り、ほかの穂に飛ぶ。これで近親交配が避けられる。

| シュウカイドウ科シュウカイドウ属 | *Begonia evansiana* | ハナアブ・ハナバチ |

シュウカイドウ　秋海棠

独立／夏秋

淡紅〜赤〜橙赤

ホソヒラタアブと雄花。雄しべは丸く集まって花粉を提供する

雌花。雄花と異なり、花の後ろにやがて実になる雌しべがある

正面から見るとよく似ていて昆虫には区別が困難だ（左が雄花）

蜜がない花なのに、雄花と雌花に分かれている。雄花は花粉で昆虫を誘えるが、雌花には何も餌がない。そこで花はだましのテクニックを使う。正面から見ると、雄花も雌花もピンクの花の中心に黄色い雄しべがあるように見える。昆虫の眼は画素数が1〜2万しかないので、見誤って雌花に行くことがある。そのときが受粉のチャンスとなる。

| ツバキ科ツバキ属 | *Camellia japonica* | メジロ・ヒヨドリ |

ヤブツバキ　藪椿

独立／冬

淡紅〜赤〜橙赤

花びらの黒い斑点はメジロが残した爪跡

嘴に花粉をつけたヒヨドリ。メジロを追い散らす

雄しべの筒は、嘴で穴を開けられて蜜を吸われないよう、外側は硬い

図鑑などには花びらに斑点のある写真は載らないが、実際は斑点のある花が多い。寒い冬、花に来るのは鳥で、メジロは花びらに止まって雄しべの筒の中に頭を入れて蜜を吸う。そのとき、この爪跡が斑点として残る。ツバキにはヒヨドリがなわばりをもち、メジロを追い散らす。追われたメジロについている花粉は、そのときほかの樹に移動できる。

| ツバキ科ツバキ属 | Camellia sasanqua | メジロ・ヒヨドリ・ハナアブ |

サザンカ　山茶花

独立　初冬

淡紅〜赤〜橙赤

メジロ。時には雄しべなども食べるが大切な花粉媒介者

オオハナアブ。暖かい日には蜜や花粉をなめに訪れる

蜜は雄しべの根元から分泌され、鳥や昆虫の大切な食料となる

寒くなり昆虫の活動がにぶる初冬に咲く。赤い花や白い花が好きな鳥に受粉の多くを依存しているが、昆虫も利用しようというのか、蜜は雄しべの付け根に丸い粒となって露出している。暖かい日には、この蜜をなめにハナアブの仲間やミツバチ、チョウなどが訪れる。栽培されているサザンカは赤やピンクの花が多いが、野生では白がほとんど。

| アオイ科タチアオイ属 | Althaea rosea | 中〜大形のハナバチ |

タチアオイ　立葵

独立　初夏

淡紅〜赤〜橙赤

マルハナバチの1種。雄しべの集団に乗って蜜を吸う

開花1日目。ブラシ状の雄しべから花粉を出す雄性期

開花2日目。白い雌しべの先が伸び、一部は雄しべに触れている

多数の雄しべが集まり、長さ1.5cmほどの柱をつくる。淡黄色の花粉いっぱいの柱を足場に、ハチが蜜を吸う。開花2日目になると、柱の中心から雌しべの先端が噴水のように伸び出て、花粉をつけたハチが来ると受粉できる。もしハチが来なくても雌しべは伸び続け、先が雄しべの花粉に触れるので、確実にタネをつくることができる。

| アオイ科フヨウ属 | *Hibiscus syriacus* | 昼行性スズメガ |

ムクゲ 木槿

淡紅〜赤〜橙赤

独立 夏

オオスカシバ。ふつうは飛びながら蜜を吸うが、この花には止まる

セイヨウミツバチ。花粉はつくが、雌しべには触れない

斜め上を向くことが大切で、角度が違うとガは乗らない

たくさんの雄しべが斜め上を向いた長い筒をつくり、その中を雌しべが貫き先から頭を出している。5枚の花びらの付け根の奥に蜜があり、ミツバチやクマバチ、セセリチョウなどが来るが、彼らは小さすぎて雌しべの先端には触れない。花粉を媒介するのは羽の透明なオオスカシバで、雄しべの筒に乗るようにして蜜を吸い、雌しべの先にも触れる。

| ツリフネソウ科ツリフネソウ属 | *Impatiens balsamina* | 中〜大形のハナバチ |

ホウセンカ 鳳仙花

淡紅〜赤〜橙赤

はい込み 夏

トラマルハナバチ。花の後ろに伸びる管の中の蜜を吸う

開花1日目。花の上部にある白い雄しべから花粉を出す

開花2日目。雄しべがはずれ、緑色の雌しべが現れ先端が開いた

性転換の観察がしやすい花だ。開花1日目、白い雄しべが花粉を出してハチの訪れを待つ。花粉は細い糸でつづられていて、ハチの背につきやすくなっている。2日目になるとキャップ形の雄しべが抜け落ち、中にあった雌しべが姿を現して先端が開き、花粉を受ける態勢が整う。ただし、八重の花ではこのような自然な姿は見られない。

| マメ科シャジクソウ属 | *Trifolium pratense* | 中〜大形のハナバチ |

アカツメクサ (ムラサキツメクサ) 赤詰草

集合 操作 夏

淡紅〜赤〜橙赤

シロスジヒゲナガハナバチ。蜜を吸い、肢に花粉をつけて巣に帰る

咲いたままの状態では、雄しべ雌しべは見えない

ハチが訪れるとケースが下げられ、雄しべ雌しべの先が出る

100個以上の細長い花が球形の集団を作る。ハナバチの仲間は、雄しべ雌しべを入れたケース状の花びらを押し下げて蜜を吸う。そのとき、雄しべ雌しべの先が外に出てハチの顎や胸に触れて受粉するのだ。シロツメクサ (p.55) よりは花の筒状の部分が長いため、ミツバチより大きいハナバチだけが蜜と花粉の両方を利用することができる。

| マメ科ネムノキ属 | *Albizia julibrissin* | スズメガ |

ネムノキ 合歓木

ブラシ 夏

淡紅〜赤〜橙赤

オオスカシバ。昼行性のガだが、夕方、花が咲くと最初にやって来る

花の集団。中心にガクと雄しべの筒が長い、蜜を出す花がある

16個の花粉が集まり、亀の甲羅形の塊になる

枝先にふわっとブラシのように咲く花の集団には足場がない。足場を必要とせず、飛びながら蜜を吸うスズメガの仲間を誘うからだ。ガの活動に合わせて夕方から咲き、柔らかな香りを放つ。花粉はツツジやマツヨイグサのような粘結糸はもたないが、16個の花粉が集まって亀の甲羅のような塊をつくり、一度にたくさん運ばせる工夫がみられる。

| バラ科サクラ属 | *Prunus yedoensis* | メジロ・ヒヨドリ |

ソメイヨシノ 染井吉野

長管 | 春

淡紅〜赤〜橙赤

メジロ。ヒヨドリに追われ、そのつど花粉は遠くに移動する

スズメ。花をちぎって蜜を吸うため、実ができなくなる

ガクの断面。内部の緑色の部分に点々と蜜が分泌されている

この花はメジロやヒヨドリを巧みに利用する。蜜は長さ6mmほどのガクの中にあり、しかも横や下を向いて咲くので、アブにはなめられない。枝は細かく分かれて鳥たちの足場となる。嘴を花粉で黄色く染めた鳥が別の樹に飛んだときが、受粉のチャンスだ。一方、スズメは花を摘み取って蜜を吸うため、この花にとってはたいへんな害鳥だ。

| バラ科バラ属 | *Rosa rugosa* | マルハナバチ |

ハマナス 浜梨

独立 | 初夏

淡紅〜赤〜橙赤

コマルハナバチ。後肢に巣に持ち帰る花粉の塊がついている

花の中心部。雌しべの先が中央にすき間なく並んで花粉を待つ

花の断面。壺形のガクの中に白い雌しべが多数、入っている

香りは甘いが蜜はない。昆虫たちの目的は花粉で、中でもマルハナバチの仲間はこの花が大好物。さっと訪れ、体を小刻みに震わせながら雄しべの上を歩き回り、次の花に飛んでいく。後肢には幼虫の餌となる白く大きな花粉団子が作られる。雌しべは厚い壁をもつ壺の中で、ハチの爪で傷つけられないよう守られ、先端だけ壺の口に並べている。

| バラ科ワレモコウ属 | *Sanguisorba officinalis* | ハナバチ・ハナアブ |

ワレモコウ　吾亦紅

集合　秋

淡紅〜赤〜橙赤

蜜は雌しべを囲む白いドーナツ状の部分から分泌される

ホソヒラタアブ。針を持たず、黒と黄色の縞でハチに擬態する

ツマグロキンバエ。花の白を目印に訪れ、中心に口を伸ばす

名は知っていても、植物学でいう花を見た人は少ないはずだ。多数の花が集まり円柱形の穂になり、花びらが開くと直径4mmの白い花に変身する。細長い穂の同じ位置の花が同時に咲くので、白い花の輪ができる。小さく集まった花は地味だが、赤い雌しべを取り巻く白いドーナツ状の部分から出る蜜を求め、ハナアブの仲間が多く訪れる。

41

| ケシ科ケシ属 | *Papaver dubium* | ハナバチ・ハナアブ |

ナガミヒナゲシ　長実雛芥子

独立　初夏

淡紅〜赤〜橙赤

高さ3cmほどの小さな株に、直径8mmの花が咲いた（実物大）

フタホシヒラタアブ。100本近くある雄しべの花粉をなめる

コハナバチの1種。幼虫の食べ物として、黄色い花粉を集める

蜜はなく、昆虫たちは花粉を求めて訪れる。華やかに咲いている群れの下のほうに注目。直径1cmに満たない花をつけた小さな株もある。昆虫は来ないが、雄しべが雌しべに直接花粉をつけていた。一年草なので芽を出してしまったからには花をつけ、タネを残さねば命はつながらない。ここに繁殖に全精力を注ぎ込む、生命の本質が見える。

| ナデシコ科マンテマ属 | *Silene armeria* | チョウ |

ムシトリナデシコ　虫捕撫子

集合　長管　初夏

淡紅〜赤〜橙赤

アオスジアゲハ。体重0.3g、肢はそれぞれ違う花にかかっている

モンシロチョウ。口を深く差し込み、雄しべ雌しべに触れる

トラマルハナバチ。体重0.3g、1〜2個の花に止まるので花は傾く

蜜は1.5cmもある細長い筒の中に隠されているので、口の長い昆虫にしか吸えない。口の長い昆虫といえばチョウ。花はチョウ好みの赤で誘う。口の長いトラマルハナバチも訪れるが、止まると花が傾いてしまい、姿勢を立て直すのにひと手間かかる。ところがほぼ同じ体重のアオスジアゲハは、長い肢で体重を分散するため、花は傾かない。

| タデ科イヌタデ属 | *Persicaria longiseta* | ハチ・ハナアブ |

イヌタデ　犬蓼

集合　秋

淡紅〜赤〜橙赤

ヒメハラナガツチバチ。体は大きいが口は短く、浅い花を好む

キタヒメヒラタアブ。体長10mmと小さいが蜜を吸い花粉を運ぶ

淡紅色の雄しべが白い柱頭に触れ、昆虫なしでもタネができる

細長い赤い穂が目立つが、咲いている花は1本の穂の中で1個から数個、あとは蕾か若い実だ。蕾や若い実も赤く、穂全体で昆虫の目に止まるように装っている。直径2mmに満たない小さい花だが、底にある黄色い突起から出る蜜を吸いに、口の短い昆虫が来る。白い花粉は口の周辺について運ばれ、白い雌しべの頭（柱頭）につく。

| ラン科ネジバナ属 | *Spiranthes sinensis* var. *amoena* | ハナバチ |

モジズリ（ネジバナ）捩摺

集合 初夏

淡紅〜赤〜橙赤

セイヨウミツバチ。口についた白い花粉塊をはずそうとしている

白くとがった花粉塊の下の褐色の膜の中に、接着剤がある

針で膜に触れてからそっと引いて、花粉塊を外した

甘い香りのするランで、花は小さいがハチの仲間がよく訪れる。花粉は小さな塊（花粉塊）になって花に収まっている。花粉塊の先には瞬間接着剤がついており、花の中では接着剤が固まらないよう膜で覆われている。昆虫が触れると膜にすき間ができ、昆虫につく。昆虫が次の花に移動したとき、花粉塊が雌しべの先に触れて花粉を残す。

43

| リュウゼツラン科アロエ属 | *Aloe arborescens* | メジロ |

キダチアロエ 木立蘆薈

長管 冬

淡紅〜赤〜橙赤

メジロ。冬の大切な食料として、街中に咲く花にもよく来る

ニホンミツバチ。暖かい日にはミツバチも訪れ、蜜や花粉を集める

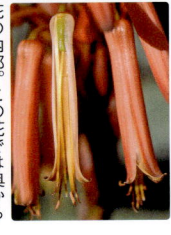

花の内部。この花では奥から3分の1まで蜜が入っている

南アフリカ原産の栽培植物で、本来、鳥により花粉が運ばれる花。人に近い色覚をもつ鳥たちが相手なので、花は背景から引き立つ赤なのだ。花の長さは5cmもあり、日本にはそれほど長い嘴をもつ小鳥はいない。多量の蜜は花からしたたり落ちるほどで、メジロやスズメが訪れた後でも、ミツバチがその残りを吸うことができる。

| ヒガンバナ科ヒガンバナ属 | *Lycoris radiata* | アゲハチョウ |

ヒガンバナ　彼岸花

ブラシ　秋

淡紅〜赤〜橙赤

アゲハチョウ。街中でもこの光景はよく見かける

クロアゲハ。羽を動かしながら蜜を吸い、花粉を運ぶ

実が裂けて黒光りするタネが現れた。だがタネでは増えない

アゲハチョウ類が訪れた花の色を文献で調べたら、赤い花を訪れたとの記録が突出して多かった。ヒガンバナは赤い色の花の代表で、アゲハチョウの仲間が頻繁に訪れ、羽に花粉をつけて運ぶ。その花粉を受け、ときに緑色の実ができ黒く大きいタネを結ぶが、発芽しても成長せずに枯れてしまう。もっぱら球茎(きゅうけい)が分かれて繁殖する。

44

| ユリ科ユリ属 | *Lilium leichtlinii* | アゲハチョウ |

コオニユリ　小鬼百合

長管　夏

淡紅〜赤〜橙赤

クロアゲハ。花が大きいのはチョウの大きさに対応するため

キアゲハ。スカシユリと同様、毛で覆われた管の中に蜜がある

T字形の雄しべはヤマユリ(p.64)と同じしくみで花粉をつける

橙赤色の花でアゲハチョウの仲間を誘う。チョウは花に肢をかけ、つり下がるようにして蜜を吸う。そのとき、羽をゆったりと開閉する習性があるため、花から長く伸び出ている雄しべの先に触れる。花粉の粘着性は強く、羽は花粉で赤く染まる。雌しべはゆるく曲がり、先端を雄しべと同じ位置に置き花粉を受ける。

| ユリ科ユリ属 | *Lilium maculatum* | アゲハチョウ |

スカシユリ　透し百合

長管 / 夏 / 淡紅〜赤〜橙赤

ジャコウアゲハ。花に入って蜜を吸うので羽に赤褐色の花粉がつく

海岸の崖に生え、アゲハチョウの仲間に花粉を運ばせる

花びらの断面。毛に覆われたトンネルの中に蜜がある

チョウの仲間は、ほかの昆虫には知覚できない赤い光を識別できる。そのためか赤色を帯びた花が好きだ。この花では、その赤が最も濃くなったところに、口を差し込む入口がある。蜜は花びらに密生した毛に覆われたトンネルの中にある。このトンネルは、口の長いチョウの仲間にだけ蜜を提供することと、細く柔らかい口を確実に蜜に誘導するためにある。

| ユリ科ショウジョウバカマ属 | *Heloniopsis orientalis* | マルハナバチ・アブ・チョウ |

ショウジョウバカマ　猩々袴

ブラシ / 春 / 淡紅〜赤〜橙赤

トラマルハナバチ。花粉まみれになって蜜を吸う

ビロウドツリアブ。飛びながら花に軽く肢をかけて蜜を吸う

花の形のまま熟し、細かい木屑のようなタネを散らす

やや下向きに咲く花が10個ほど集まり、雄しべ雌しべをブラシのように出す。香りは感じられないが、蜜は花びらと雄しべの付け根の間に分泌される。1つ1つの花は大きく開き、昆虫の少ない春先、どんな昆虫にも蜜が吸えるようにして花粉を運んでもらう。風で飛ぶ細かいタネを多量に作るため、雌しべは花粉がたくさん必要なのだ。

| キク科コウヤボウキ属 | *Pertya scandens* | マルハナバチ・チョウ |

コウヤボウキ　高野箒

ブラシ　長管　秋

白

トラマルハナバチ。花から花へとすばやく移動する効率いい昆虫

イチモンジセセリ。口は長いが赤紫色の雄しべの先に触れている

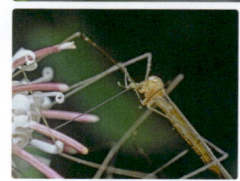

クチナガガガンボ。長時間留まるので、あまり役立たない

10個ほどの細長い花が集合し、1個の花として機能している。花に見合った長い口をもつ昆虫が蜜を吸いに来る。といっても口の長さはそれぞれ違い、蜜を吸わせるからには花粉を運ばせたい。そこで雄しべ雌しべを花の前のほうに突き出し、その先端が昆虫に触れるようにしている。雄しべは昆虫の訪れを感知し、金色の花粉を押し出すしくみをもつ。

46

| キク科フキ属 | *Petasites japonicus* | ハナバチ・ハナアブ・甲虫 |

フキ　蕗

集合　春

白

雌花の束。白いY字形の雌しべに囲まれた星形の花が蜜を出す

キタテハ。雄株の花に来て蜜を吸っている

20個ほどの星形の雄花が束になり、雌花と別の株に咲く

春の味覚「ふきのとう」は花束の集団。1つ1つの花束は円筒形で緑色の鞘に包まれ、中に多数の花が入っている。雌株の花束には100個以上の雌花があるが、雌花は細くて昆虫が口を差し込むすき間がない。そこで花束の中心に1〜2個、星形の蜜の製造に特化した花を混ぜ、昆虫を誘う。来春は、摘む前にちょっと観察してみよう。

| キク科ノブキ属 | *Adenocaulon himalaicum* | 小形のハナバチ・ハナアブ |

ノブキ　野蕗

集合　秋　白

雌花には多数の突起がある子房が、雄花には雄しべがある

雄花。白い星形の花の中央に立つ雄しべから花粉が出る

ヒラタアブの1種。小さな花には小さな昆虫が来る

直径1cmに満たない小さな花、それはさらに小さい星形の花が20～30個集まったものだ。集団の周囲1列は雌花で、花びらの下に後に実になる子房(緑色の部分)がある。雌花に囲まれた中心部の花は雄花。突き出た円柱形の雄しべの真ん中に雌しべの先が見える。これは雄しべの中から花粉を押し出す役を担うが、花粉を受ける能力はない。

47

| ウリ科カラスウリ属 | *Trichosanthes cucumeroides* | スズメガ |

カラスウリ　烏瓜

長管　夏　白

雄花。甘い香りと、白いレースと星形で、花と蜜の位置を示す

キイロスズメ。赤く細い口の途中に白い花粉がつき、運ばれる

スズメガたちのおかげで、雌花は赤い実になった

雄花と雌花に分かれ、夜、訪れるスズメガに花粉を運ばせる。花は、中心の星形の部分から細く枝分かれした白い糸をレース状に広げる。レース部分がうっすらと花の存在を示し、星がはっきり花の中心を示す。その中心に口を入れれば蜜が吸えると知っているスズメガを、夜のわずかな光を反射する白い花びらで誘導しているのだ。

| スイカズラ科ツクバネウツギ属 | *Abelia* ×*grandiflora* | ハナバチ・チョウ・スズメガ |

ハナツクバネウツギ (アベリア) 花衝羽根空木

白 　　　はい込み　初夏〜秋

コマルハナバチは、花にぴったりのサイズだ

イチモンジセセリ。蜜を吸うときには、頭を花の中に入れる

オオスカシバ。透明な羽がきれいなガで、飛びながら蜜を吸う

花期が長く、多くの昆虫が訪れる。この花の花粉や蜜は、都会にすむ昆虫たちにとって貴重な食料源だ。花期の初めにはコマルハナバチが蜜や花粉を集め、夏には昼間飛ぶオオスカシバやホシホウジャクがうれしそうに蜜を吸う。秋になるとイチモンジセセリが群がる。交配して作られた花なので、受粉してもタネができる率は2%に満たない。

48

| スイカズラ科ガマズミ属 | *Viburnum dilatatum* | ハナアブ・甲虫 |

ガマズミ　莢蒾

白　　　集合　初夏

コアオハナムグリ。白い花粉にまみれて、蜜をなめている

多数の花が集まり、甲虫が止まれる平らな面をつくる

中心にある雌しべの周囲から蜜を分泌する

白い花が平らに集まり、青臭い匂いで甲虫を誘う。甲虫は飛行のコントロールが下手で、小さな花に止まるのが苦手なため、甲虫に花粉を運ばせようとする花は広い着陸場を用意する。また、花粉や蜜は甲虫の短い口でも食べやすいように露出している。ヤマボウシ (p.53) やホオノキ (p.59) なども、こうした条件を備えて甲虫を利用している。

| クマツヅラ科クサギ属 | *Clerodendrum trichotomum* | アゲハチョウ・スズメガ |

クサギ　臭木

長管 夏 白

アオスジアゲハ。羽に紫色の花粉がついている

オオスカシバ。長い口で蜜を吸い、雄しべ雌しべの先に触れる

上…花粉を出す雄性期の花
下…花粉を受ける雌性期の花

ヤマユリ（p.64）のように高い香りでチョウやガを誘う。蜜は長さ2cmあまりの細い管の中にあり、口の長いアゲハチョウやスズメガの仲間が訪れる。しかし、その口は管よりも長いため、体や羽に花粉をつけようと、花は雄しべ雌しべを長く突き出す。チョウやガは紫色の花粉に染まって、花から花へと移動する。花は雄から雌へと性転換する。

| ミツガシワ科ミツガシワ属 | *Menyanthes trifoliata* | ハナアブ |

ミツガシワ　三つ柏

集合 初夏 白

地下茎でも増え、根が水につかるような場所に群生する

ハナアブ。雌しべの長い花を訪れ、頬に雌しべの先が触れている

2タイプの花。左は雌しべが長く雄しべは短い。右はその逆

雄しべ雌しべの長さが違う2タイプの花が咲き、ソバ（p.62）と同様に同じタイプの花粉では実ができにくい。昆虫が異なるタイプの花の間を行き来するため、両タイプの混生地点では6割もの花が実った。一方、同じタイプの花が群生する場所の中心部では、ほかのタイプの花粉が届きにくく、実った率は2割台だった。

| リンドウ科センブリ属 | *Swertia bimaculata* | ハナアブ |

アケボノソウ　曙草

独立｜秋

白

花びらの模様。紫色の点々が星、黄緑色の丸い月が蜜腺

ハナアブ。蜜を吸うため花の上を回り、花粉を媒介する

花びらごとにアリが来て、蜜があることを証明している

花の模様は"曙の空に入り残る月と星"に見立てられる。蜜を出す蜜腺は丸い月で10個。蜜腺は花の奥にあるのが常識だが、なぜ常識を破る所にあるのだろう。花粉を媒介するハナアブは雄しべ雌しべをまたぐように蜜を吸う。蜜腺が外側にあるため、アブは花の上で時計の針のように回転しながら蜜を吸い、花粉がたっぷりつく。

50

| モクセイ科イボタノキ属 | *Ligustrum japonicum* | ハナバチ |

ネズミモチ　鼠黐

集合｜初夏

白

花は全長5mmほどで、1つの花の寿命は2〜3日

コマルハナバチ。最も多く訪れるハチで、黄色い♂は刺さない

ニホンミツバチ。ほかの種類の小さく白い花もこまめに訪れる

花の筒が短いので、様々な昆虫が訪れる。雌しべの先と2本の雄しべが花の筒の入口にあって、ハチの口が必ず触れる。1つの穂には100個以上の花がつき、ほぼ同時に咲いて数日で散ってしまうが、穂が次々と咲き継ぐので、樹木全体では半月ほど花期が続く。モンシロチョウやハナアブの仲間も来るが、受粉にはあまり役立たない。

| エゴノキ科エゴノキ属 | *Styrax japonica* | ハナバチ |

エゴノキ　
薮の木

下向き｜初夏｜白

ニッポンヒゲナガハナバチ。花粉団子をつけて花に接近中

クマバチ。腹面を花粉で黄色く染めながら蜜を吸う

花の断面。雄しべが大きく湾曲しており、ハチの足場となる

甘い香りにハナバチたちが群れる花だ。星形のフードのように開いた花の中心に、電球のような形に集まった黄色い雄しべが10本。蜜は雄しべに囲まれた花の奥にある。蜜と花粉を求め、クマバチ・マルハナバチ・ミツバチ・ヒゲナガハナバチなど様々なハナバチが来る。花の盛りは1週間ほどだが、木の下まで「ワーン」という羽音が響く。

51

| ツツジ科ドウダンツツジ属 | *Enkianthus perulatus* | ハナバチ |

ドウダンツツジ　
燈台躑躅

下向き｜春｜白

ニッポンヒゲナガハナバチ。口の周囲に白い花粉がついている

コマルハナバチ。後肢に幼虫の餌にする白い花粉団子が見える

花の内部。雄しべから放射状に伸びる白い角がハチ・センサー

10本の雄しべの先には白い角状の突起が2本ずつ生え、花の中に放射状に伸びている。そのため、ハチが花の奥にある蜜を吸おうとすると、口が必ず突起に触れる。そのとき、雄しべが揺すられて白い花粉がこぼれ落ち、ハチの口の周囲につく。花粉はこうして運ばれて、次に訪れた花の入口にある雌しべの先につくのだ。

| ツツジ科ツツジ属 | *Rhododendron semibarbatum* | マルハナバチ |

バイカツツジ 梅花躑躅

独立 夏

白

トラマルハナバチは、葉の下に咲く花を必ず発見してくれる

赤い斑点が視覚的に蜜の位置を示す。花粉の出る雄しべは3本

2本の雄しべは花粉を作らず、触覚的に蜜の位置を示す

ヤマツツジ（p.34）と同じ属なのに花はラッパ形ではなく反り返り、しかも下向きに咲く。花の一部には赤い斑点があり、斑点に近い2本の雄しべは花粉を作らず、白い毛が密生している。赤い斑点は訪れるマルハナバチに視覚的に蜜のある位置を示し、白い毛は感触で蜜を確実に探り当てさせる指標だと思われる。こうして花は、ハチを効率よく働かせる。

52

| ツツジ科ホツツジ属 | *Elliottia paniculata* | ハナバチ |

ホツツジ 穂躑躅

独立 夏

白

咲いたばかりの花。突き出た雌しべの先に花粉が預けられている

蜜を吸うトラマルハナバチに、雌しべの先が触れている

長い穂にいくつもの花がつき、少しブラシ形にも見える

真ん中から雌しべが長く突き出た奇妙な形の花だ。若い花では雌しべの先に花粉がたくさんついている。雄しべは、蕾が7mmほどのときに中で裂け、花粉を雌しべの先に渡す。雌しべは咲くまでに12mmほどに成長し、その先にある花粉は、蜜を吸いに来たハチにつく。花粉がなくなったころ、雌しべは成熟して運ばれてきた花粉を受ける。

| イチヤクソウ科ギンリョウソウ属 | *Monotropastrum humile* | マルハナバチ |

ギンリョウソウ　銀竜草

下向き｜初夏｜白

トラマルハナバチ。頭を入れて蜜を吸う雄しべ雌しべに触れる

羽音を頼りに落ち葉を除くと、花とマルハナバチがいた

紺色の雌しべの先を黄色い雄しべが囲み、ハチを待つ

山道で撮影者の順番待ちができるほどの人気者。しかし、本来の生育場所は林の奥の暗い地上で、落ち葉を厚くかぶり、発見できないこともある。ところが、マルハナバチは落ち葉のすき間から花を見つける。彼女らはノネズミの古巣など地中の空間に巣を作るので、すき間にもぐるのは苦でない。落ち葉の下の集団が発見できれば、蜜は独り占めだ。

| ミズキ科ヤマボウシ属 | *Benthamidia japonica* | 甲虫 |

ヤマボウシ　山法師

集合｜初夏｜白

様々な成熟状態の花が集まって甲虫を待つ

コアオハナムグリ。蜜や花粉を食べて受粉を助ける

ヒメマルカツオブシムシ。3mmほどの甲虫で都市公園などに多い

50個ほどの緑色の花が球形の集団を作り、蜜を露出して口の短い甲虫を待つ。その周囲にある4枚の白く大きな花びら（苞）は、白い花が好きな甲虫に花があるよと知らせる広告であり、着陸が下手な彼らに滑走路としても利用させる。コアオハナムグリなどは、苞にどさっと落ちるように止まってから、中心にある花の集団に向かう。

| セリ科ウマノミツバ属 | *Sanicula chinensis* | 小形のハナバチ・ハナアブ |

ウマノミツバ　馬の三つ葉

集合　夏

白

この花で多く見られる細長いツマグロコシボソハナアブ

近親交配を避けるため、雌しべが最初に出る

雄花が咲いた花。雌しべの先は枯れ、もう花粉を受けない

直径1mmの花が10個ほどで小さな集団をつくる。中心の2〜3個は雄しべ雌しべを備えた両性花、周囲に雄花がある。集団内では、まず両性花の雌しべが伸びて花粉を受け、雌しべの先が枯れかけると両性花の雄しべが花粉を出す。その後で雄花が花粉を出す。このように、同じ集団内で近親交配が起こらないよう時間差をつけている。

| ウコギ科ヤツデ属 | *Fatsia japonica* | ハナアブ・ハエ |

ヤツデ　八つ手

集合　初冬

白

雄の時期の花で、3種類のハエが蜜をなめている

花びらを落とした雌の時期の花の蜜をなめるキンバエの1種

葉の表面温度は21℃。ハエは冷えた体を暖める

寒い日でもハエに活動してもらうため、床暖房を用意。比較的暖かい地方に成育しているが、花の咲く初冬は晴天でも気温が10℃前後に下がる日がある。寒さに強いハエやアブも体温が15℃以下では飛べなくなる。蜜をなめている間に冷えたハエは日向の暖かい葉の上で休み、太陽光にも暖められて体温が20℃を越えたら、また花にもどる。

| トウダイグサ科トウダイグサ属 | *Euphorbia supina* | アリ |

コニシキソウ 小錦草

独立 夏 白

クロヤマアリ。蜜を吸う口に、黄色い花粉がついている

枝が交錯しているため、花粉はほかの株に運ばれやすい

左：雌花の時期。右：雄花の時期。蜜腺は紅緑色で楕円形

長さ5mmほどの葉の腋(わき)に小さな花束がある。花束は長さ1mmほどで、周囲に4個の椀形の蜜を出す蜜腺(みつせん)がある。このわずかな蜜を求めてアリが来る。花束とはいえ花は1つずつしか咲かず、先が赤い雌花がまず現れ、次に赤く丸い玉を2つつけた雄花が出てくる。アリが蜜を吸うときは、雄花の黄色い花粉が口の周囲につき、雌花に運ばれる。

55

| マメ科シャジクソウ属 | *Trifolium repens* | ハナバチ |

シロツメクサ 白詰草

集合 操作 初夏 白

ハチがケースを下げると黄色い雄しべ雌しべが出る（下）

ベニシジミ。雄しべ雌しべは出ず、花粉を媒介しない

セイヨウミツバチ。顎の下に黄色く見えるのが雄しべ雌しべの先

細長い花が集まって球形の穂になる。個々の花の雄しべ雌しべは白い花びらのケースに包まれ、外からは見えない。蜜を吸うにはケースを押し下げる必要がある。それができるのは、活動的に花から花へと飛ぶハナバチの仲間。こうして花を操作できず、移動性の低いアブや甲虫を花から排除した。しかし、口の細いチョウには蜜をとられてしまう。

| バラ科サクラ属 | *Prunus mume* | メジロ・ヒヨドリ |

ウメ 梅

独立 / 早春

白

メジロは集団で移動しながら蜜を吸い、受粉に最も役立つ

ニホンミツバチ。ほかの株に花粉を運ぶ率は低い

雄花の中心部。オレンジ色の部分に結晶した蜜が光っている

ウメは、同じ品種の花粉が雌しべについても実を結ばない。そこで農家は、異なる品種を混ぜて植えることで交配させる。暖かい日にはミツバチやハナアブも来るが、早春は気温の低い日も多い。そのような日にもメジロやヒヨドリが訪れて蜜を吸い、嘴(くちばし)に花粉をつけて運んでくれる。われわれが梅干を食べられるのは、メジロたちのおかげなのだ。

56

| バラ科バラ属 | *Rosa multiflora* | ハナバチ・ハナアブ・甲虫 |

ノイバラ 野茨

独立 / 初夏

白

コアオハナムグリ。全身に長い毛が生え、花粉がつきやすい

ホソヒラタアブ。雄しべに止まって花粉を食べ、受粉に役立たない

コマルハナバチ。花粉を集めて後肢につけ、巣に持ち帰る

白く目立つ花をたくさんつけ、甘い香りで様々な昆虫を誘う。多くは雄しべの花粉を食べたり集めたりするが、雌しべの周囲には蜜もあるため、チョウも来る。これらの昆虫が皆、花粉を媒介するとは限らず、雄しべと雌しべの先に触れずに蜜や花粉を食べてしまう昆虫もいる。それらも含めて受け入れるか否かは、花の種類ごとに異なっている。

| バラ科キイチゴ属 | *Rubus palmatus* | ハナバチ・ツリアブ |

モミジイチゴ　紅葉苺

下向き　春　白

ビロウドツリアブ。1cm以上ある長い口を差し込んで蜜を吸う

ヒメハナバチの1種。花に頭を入れ、雄しべ雌しべによく触れる

花の断面。筒状に並んだ雄しべが、先の赤い雌しべを取り囲む

花は、下向きに咲くことで移動性が乏しいハエや甲虫などを排除する。これらの昆虫は、下向きの花に止まるのが不得手だからだ。さらに雄しべは深さ7mmほどの筒を形成し、大形から中形のハナバチだけに蜜を提供するようになっている。おもしろいことに、ハエの仲間だが一見ハナバチのような姿で、口が長いビロウドツリアブも訪れる。

57

| バラ科キイチゴ属 | *Rubus hirsutus* | ハナバチ・ハナアブ・チョウ・甲虫 |

クサイチゴ　草苺

独立　初夏　白

アシブトハナアブ。ミツバチと同様、花粉と蜜を求めて訪れる

モモブトカミキリモドキ。甲虫の仲間は花粉を食べに来る

中心の丸い雌しべの集団を、多数の雄しべが囲む

上向きに咲き、多数の雄しべ雌しべが広がり、どんな昆虫にも花粉を運ばせる。蜜は雌しべの集団の下にあり、スジグロシロチョウやミツバチなどが蜜を吸うとき、雄しべ雌しべの先に触れて花粉を媒介する。道端などに生えるため、明るい場所を好む様々な昆虫が訪れ、花粉を媒介する。雌しべが成長しない雄花も咲く。

| ユキノシタ科ウメバチソウ属 | *Parnassia palustris* var. *multiseta* | ハナアブ・ハエ |

ウメバチソウ　梅鉢草

独立／秋

白

雄しべのうち5本が蜜を出す蜜腺に変化し、昆虫を誘う

ハナアブ。雄しべや雌しべをまたいで蜜を吸い、花粉を媒介する

黄色い点々はサンプル、本当の蜜は緑色の部分に光っている

花の中には蜜のように輝く透明な粒々が多数光っている。しかし、訪れたハエやアブの口先はそれらには触れず、もっと奥に差し込まれる。粒々は1か所から指のように分かれた柄の先についた球で、蜜ではない。そして手のひらにあたる緑色の部分に本当の蜜が光っている。粒々はレストランのサンプル料理と同じで、客を誘うための広告だ。

| アブラナ科オランダガラシ属 | *Nasturtium officinale* | ハナアブ・ハエ |

オランダガラシ（クレソン）　和蘭芥子

集合／初夏

白

若い花は芯が緑色で蜜があり、古い花は芯が褐色で蜜は出ない

シマハナアブ。芯が緑色の花に口先を入れて蜜を吸う

芯が緑色の若い花で、下のほうに蜜が光って見える

肉料理に添えるクレソンは、昆虫に色覚があることを教えてくれる。いくつかの花が穂の先に平らに並んで咲き、中央の花は芯が緑色、周囲の花は芯が褐色に見える。蜜は芯が緑色の若い花にしかない。訪れるのはハナアブの仲間やハエだが、昆虫たちはほぼ間違いなく、蜜のある緑色の花に口を差し込む。微妙な色の違いを区別できるのだ。

| モクレン科モクレン属 | *Magnolia obovata* | ハナバチ・ハナアブ・甲虫 |

ホオノキ　朴の木

独立　初夏　白

ナミホシヒラタアブが雌しべから飛ぼうとしている

コアオハナムグリ。落ちた雄しべの花粉を食べている

花弁の内面。ぬるぬるした液が分泌され、昆虫は滑って登れない

開花当日の花は雌の状態で、翌日、雄の状態になる。雄しべは熟すと花の中に落ち、その花粉を食べに昆虫が訪れる。蜜がないため、開花当日は何も食べ物がないが、昆虫は高い香りに誘われて花に飛び込んでしまう。間違ったと気づいても、花弁は粘液で滑って登れず、雌しべを足場に外に出る。そのとき昆虫についてきた花粉が雌しべにつく。

| キンポウゲ科イチリンソウ属 | *Anemone flaccida* | ハナアブ・甲虫 |

ニリンソウ　二輪草

独立　春　白

花を飾る白い花びらの数は一定せず、5〜9枚ある

ルリマルノミハムシ。花粉を食べに来た♀に迫る♂

シマハナアブ。上向きに咲くのでハナアブの仲間も訪れる

花は蜜を分泌せず、昆虫にはタンパク質に富んだ花粉を提供する。卵を産むためにタンパク質をたくさん摂りたい♀の甲虫が訪れ、♀を期待して♂の甲虫もやって来る。こうして花は、デートスポットとしても利用される。そこまで配慮したのか、甲虫が好む白く上向きの花が咲く。花はよく目立つように、太陽の移動を追って向きを変える。

| キンポウゲ科イチリンソウ属 | *Anemone raddeana* | ハナアブ・甲虫 |

アズマイチゲ　東一華

白

独立 / 早春

待っていたホソヒラタアブが来た。蜜はなく目当ては花粉

小さな甲虫も花粉を食べに訪れ、ペアもできる

曇りの日、花は下を向き、半ば閉じて晴天を待つ

我慢強いのが、落葉樹林の下で咲く早春の花々の特徴だ。林の木々の葉が開き、生育地が暗くなる前にタネをつくるため、昆虫がやっと活動し始める早春に花を咲かせる。花の寿命は半月以上もあり、その間に何日かはある晴れて気温が高く、昆虫が飛ぶ日を待つのだ。そして、曇りや雨の寒い日には花を垂れて耐える。

| キンポウゲ科サラシナショウマ属 | *Cimicifuga simplex* | ハナバチ・ハナアブ・チョウ |

サラシナショウマ　晒菜升麻

白

ブラシ / 秋

白く長いブラシ形の穂は、林の下でもよく目立つ

マルハナバチの1種。すばやく行動する効率のいい花粉媒介者

ヘリヒラタアブ。花粉や蜜をなめ、雄しべ雌しべの先に触れる

多数の白い花が集まって長い穂になり、暗い林の中でもよく目立つ。1つ1つの花の蜜の量は微々たるもので、昆虫たちは雄しべ雌しべをかき分けて蜜を吸いながら穂の上を歩き回り、花粉を媒介する。花は、雄しべ雌しべを四方に突き出したブラシ形なので、ハナバチ類やハナアブ類、そしてチョウもその先に触れることがある。

| スイレン科スイレン属 | *Nymphaea tetragona* | ハナアブ |

ヒツジグサ　未草

独立　夏　白

直径5cmほどの花で、蜜はなく昆虫への報酬は花粉だけ

1日目の花。中心に受粉液があるが、昆虫が溺れるほどではない

2日目の花。ホシメハナアブなどハナアブの仲間が多く訪れる

名は開花時刻の未の刻（午後2時ごろ）に由来するが、実際は午前11時ごろに開花し、午後4時ごろ閉じる。開花初日、雄しべは四方に開き、花の中心には花粉を受けるための透明な液（受粉液）が盛り上がる。2日目、花は再び開くが中心部は雄しべに覆われて雄花の状態になる。そして2日目か3日目の夕方、花粉授受の役割を終えた花は、水の中に帰る。

| メギ科ナンテン属 | *Nandina domestica* | ハナバチ |

ナンテン　南天

独立　初夏　白

雄しべには花粉が詰まっているが、細長いすき間を開けるだけ

ヒメハナバチの1種が口と前肢を使って花粉をかき出している

ニホンミツバチ。集めた花粉を団子にして後肢につけている

蜜はなく、昆虫への報酬は花粉だけ。6本の雄しべは両側の細い裂け目から少しずつ花粉を出す。蜜がある花の雄しべはクルッと反転して花粉をさらすが、ナンテンはそうはしない。これは、花粉を少しずつ提供するための工夫。訪れるのは花粉を幼虫の食料とするハナバチで、口や前肢で裂け目から花粉をかき出して後肢や体につけ、巣に持ち帰る。

| タデ科ソバ属 | *Fagopyrum esculentum* | ハナバチ・ハナアブ |

ソバ 蕎麦

集合 夏秋

白

2つのタイプの花。左:短い雌しべの花。右:長い雌しべの花

オオセイボウ。ときにはこのように珍しいハチも訪れる

ニホンミツバチ。口の付け根に長い雄しべが触れている

2つのタイプの花がある。雌しべが短く雄しべが長い花と、雌しべが長く雄しべが短い花で、別々の株につく。長い雄しべの花粉が長い雌しべに、短い雄しべの花粉が短い雌しべにつくと、タネができる。雄しべの長さが異なると、昆虫に花粉がつく場所が違う。その位置は、別のタイプの花の雌しべの先の位置に相当し、ほかの株との交配に都合がいい。

| タデ科イヌタデ属 | *Persicaria thunbergii* | ハナアブ |

ミゾソバ 溝蕎麦

集合 秋

白

アシブトハナアブ。ハナアブの仲間は訪れる昆虫の70〜90%

ウラナミシジミ。口や肢が長く、受粉にはあまり役立たない

花は集まり集団となり、蕾や実も集団を目立たせる

ちょっと小さな集合形。数個から十数個の花が集まって1cm前後の小さな穂をつくる。一見、たくさんの蜜や花粉が採れそうだが違う。1つの穂の中で開いている花は1〜4個だけで、平均1.7個にすぎない。ハナアブの仲間が頻繁に訪れるが、満腹するには多数の穂を訪れる必要があり、花粉はあちこちの花に運ばれることになる。

| ブナ科クリ属 | Castanea crenata | ハナバチ・ハナアブ・甲虫 |

クリ　栗

[ブラシ] [初夏] 白

カミキリモドキの1種。雄花で花粉を食べている

コマルハナバチ♂。雄花を訪れるが、花粉は集めずに蜜を吸う

やがてイガになる壺から、雌しべの先を出して花粉を待つ

風媒花から虫媒花に進化の舵を切り変えた花。風媒花のコナラやクヌギと同じように、細長い穂に多数の雄花をつける。雄花は蜜を出し、長い雄しべを伸ばしてブラシ形になり、どのような昆虫が来ても花粉がつく。雌花は穂の根元につき、後でイガとなる壺の中にあるが、蜜を分泌しないので昆虫はまれに触れるだけ。

| トクダミ科ハンゲショウ属 | Saururus chinensis | ハナバチ・ハナアブ・甲虫 |

ハンゲショウ　半夏生

[集合] [夏] 白

淡黄色の雄しべ6個と雌しべ1個だけの花は直径3mmほど

ルリマルノミハムシ。触角を花粉で白くして花粉を食べる

ヒメハナバチの1種。最も高いところに止まり花粉を集める

花びらがなく、雄しべと雌しべだけの花は、先が垂れた細長い穂に100個以上つく。緑色の蕾が穂の根元のほうから順に白くなり、雄しべから花粉を出す。蜜はないが、ハナアブの仲間や甲虫が花粉を食べに来る。穂の軸は、花が古くなった所では直立するため、昆虫たちが止まりやすい穂の最も高い場所には、常に花粉の多い新鮮な花が咲いている。

| ユリ科ネギ属 | *Allium tuberosum* | ハナバチ・ハナアブ・チョウ |

ニラ 韮

集合 秋

白

開花当初の花。雄しべの付け根に蜜が光っている

コスカシバ。ハチに擬態して透明な羽と黄色い縞模様をもつガ

ハキリバチの1種。蜜を吸うとき、顔面に黄色い花粉がつく

蜜も花粉も多く、昆虫たちに人気のある花だ。蜜は雄しべの付け根の周辺にあり、短い口でも簡単に吸える。蜜を吸うときには、口の周囲が雄しべや雌しべの先に触れ、花粉を媒介する。最も多く訪れるのはハナバチの仲間だが、口の長いセセリチョウなども訪れる。チョウの口には花粉がつかないが、穂の中のほかの花に腹部が触れて花粉を運ぶ。

| ユリ科ユリ属 | *Lilium auratum* | アゲハチョウ |

ヤマユリ 山百合

独立 夏

白

アゲハチョウ。蜜を吸うとき羽を開閉するので花粉で赤く染まる

蜜は花びらの黄色い帯の奥に、汗のように点々と分泌される

雄しべ。赤く粘りのある花粉が、チョウの訪れを待っている

雄しべはチョウの汚し機。大きく白い花から突き出た6本の雄しべ、その先（葯）は花粉がいっぱいで、柄にT字形についており、ふらふらとよく動く。ちょうど掃除機の吸い込み口のように、触れたものにピタッと接しやすく、アゲハチョウが蜜を吸う間に、羽に葯を押しつける。そのため、水や埃で汚れにくい羽でも、この花粉はベッタリとつく。

| ツユクサ科ムラサキツユクサ属 | *Tradescantia fluminensis* | 小形のハナバチ |

トキワツユクサ（ノハカタカラクサ） 常葉露草　独立　初夏・夏　白

中心にまっすぐ立っているのが雌しべ、雄しべは6本

コハナバチの1種。花の上を歩いて黄色い花粉を集める

雄しべと数珠状の毛。両端にだけ花粉があり、中央は飾り

白い花は直径1cmほどと小さいが、小形のハナバチに人気がある。蜜はないが黄色い花粉を集めに来る。ただ、花粉は持ち去られた後に補うことができないので、この花は雄しべを黄色く目立たせ、さらに花粉のような肌触りの白い数珠状の毛を生やして、まだ花粉があるかのように装う。そして、雌しべに花粉を運んで来させるのだ。

65

| サトイモ科ミズバショウ属 | *Lysichiton camtschatcense* | ハエ |

ミズバショウ　水芭蕉　集合　春　白

よい香りがし、白い苞もハエを誘うが、何が餌なのか不明

ミバエの1種。緑色の花が集まった棒状の穂をなめる

ひし形の花が単位となる。淡黄色のものは雄しべ

ハエがこのきれいな花の受粉を助ける。白い苞の中の緑色の穂40〜50個に1匹の割合で、ハエが止まっている。穂には蜜などの餌は見当たらないが、これらのハエが花粉を媒介することは確かだ。このほか、風に花粉を運ばせたり、花粉を同じ花の雌しべにつけたり、受粉の手段を3つも駆使してタネをつくるしたたかな植物だ。

| ウリ科アレチウリ属 | *Sicyos angulatus* | ミツバチ・スズメバチ |

アレチウリ　荒地瓜

集合　夏・秋

緑～褐

クロスズメバチ。雄花から蜜を吸い、体に黄色い花粉がついた

オオスズメバチ。雌花に止まって蜜を吸っている

雄花。花の中心に蜜が光り、雄しべの先には黄緑色の花粉が

スズメバチの仲間が訪れるので、観察はちょっと怖い。花は集まって丸い集団になる。雄花は直径1cmほど、雌花は雄花より小さく、別の集団をつくる。雌雄ともに花の中心に蜜があり、そこから細い柱が立ち、先に丸い雄しべか雌しべがついている。スズメバチ類は舌が短いため、蜜を吸うときに必ず口の周囲が雄しべか雌しべに触れる。

| ミズキ科アオキ属 | *Aucuba japonica* | ハナアブ・ハエ |

アオキ　青木

集合　春

緑～褐

左：雄株の穂。右：雌株の穂。花の数の差に注目

蜜をなめるハエ。ハエは花の色にとけ込み、目立たなくなる

雌花。花びらの下のふっくらした部分が後に実になる

雌株の穂に咲く花の数は、雄株の穂の数分の1しかない。なぜだろう？　植物が繁殖に使える資源量は雄株でも雌株でもほぼ同じだと考えられる。雌株は受粉したあと赤く大きな実を作るので、その資源量も計算に入れて控えめに花をつける。一方、雄株は1粒でも多くの花粉を運んでもらおうと、1年間に蓄えた全精力を花に投入するからだ。

| ウコギ科タラノキ属 | *Aralia cordata* | ミツバチ・スズメバチ・ハエ |

ウド　独活

集合　秋

緑〜褐

雄性期の花穂とヒメスズメバチ。スズメバチ類は緑色の花が好き

雌性期の花穂とニホンミツバチ。雌しべの先端が腹面に触れる

左：雄性期。右：花弁と雄蕊が落ちた後、雌性期となる

花が小さので、よく目立つように集まって球形の穂をつくる。咲くと5枚の花びらが開き、5本の雄しべが伸びて雄の状態となる。昆虫が蜜を吸うとき、雄しべに触れて花粉がつく。花びらと雄しべが落ちると、雌しべの先が長く伸びて花粉を受ける雌の状態に変わる。同じ穂の花粉を受けないよう、1つの穂の花はほぼ同時に性を変える。

67

| ウコギ科キヅタ属 | *Hedera rhombea* | ハナアブ・ハエ |

キヅタ　木蔦

集合　初冬

緑〜褐

花の中に3匹のハエがいるが、すぐ発見できるかな？

雄性期の花。褐色のドーム形の蜜腺(せん)の上に蜜が光っている

雌性期の花。花弁と雄しべが落ち、雌しべの先が広がった

初冬に咲き、低温でも活動できるハナアブ類やハエ類に花粉を媒介させる。ハナアブ類は黄色と黒の縞模様でハチに擬態して鳥を脅せるが、ハエは強敵の鳥に対し針で刺したり、チョウのように、鱗粉(りんぷん)で不快感を与えることはできない。でもこの花は地味な色なので、防衛策をまったくもたないハエたちを、鳥の目から隠してくれるのだ。

| ブドウ科ヤブガラシ属 | *Cayratia japonica* | ハチ・ハナアブ |

ヤブガラシ　藪枯らし

集合 夏〜秋

緑〜褐

ツマグロヒョウモン。近年、生育地を北に広げているチョウ

セグロアシナガバチとシマハナアブ。口の短い昆虫には大切な餌

ニホンミツバチ。赤い舌でなめ取るようにして蜜を集める

ほとんどの株はタネができず、繁殖は長い根から出る芽に頼っているため、花は昆虫に餌を提供するだけ。蜜が露出しているので様々な昆虫が来る。最も目立つのがチョウの仲間で、長い口で蜜のあるオレンジ色の蜜腺を探り当てる。そして「ブーン」と羽音を立てて飛び回るスズメバチやアシナガバチ、ミツバチやハナアブとにぎやかだ。

| メギ科ルイヨウボタン属 | *Caulophyllum robustum* | ガガンボ |

ルイヨウボタン　類葉牡丹

独立 初夏

緑〜褐

ガガンボの1種。蜜腺に頭を押し込んで蜜を吸う

葉がボタンに似ているため、この名がつけられた

中央に緑色の雌しべ、周りに黄色い雄しべとイチョウ形の蜜腺

ガガンボに花粉を運ばせる珍しい花。6枚の緑色の花びらに寄り添っているイチョウの葉形の部分（蜜腺）に蜜があり、そのすぐ内側に黄色い雄しべがある。カに似ているガガンボが来てこの蜜を吸うが、口が短いため頭を押し込むようにする。蜜腺と雌しべのすき間はちょうどガガンボの頭1つ分、そのため頭に花粉がついて運ばれる。

| ヒユ科イノコズチ属 | *Achyranthes bidentata* var. *tometosa* | ハチ・ハナアブ |

ヒナタイノコヅチ　日向猪小槌

独立　秋

緑〜褐

5枚のガク片と5本の雄しべ、中央に雌しべがあり、蜜が光る

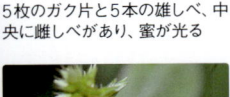

ニホンミツバチ。小さな花をまめに訪れて蜜を集める習性がある

ヤマトシジミ。蜜は成虫の活動のエネルギーとなる

実になると、"ひっつき虫"として玩具になるが、花は地味。蜜が露出しているため、小さな昆虫たちには人気があり、晴れた日などに穂の周囲を飛び回る。花は直径5mmほど、虫メガネで見ると緑色の花びら（ガク片）と短い雄しべ雌しべがあり、その付け根に蜜が光っている。口の短いハチやハナアブの仲間、ヤマトシジミなどが訪れる。

| ウマノスズクサ科ウマノスズクサ属 | *Aristolochia debilis* | 小形のハエ |

ウマノスズクサ　馬の鈴草

はい込み　夏

緑〜褐

2mmほどのハエが6匹と、水滴形の雌しべの先（1日目の花）

1日目の花。入口はハエ好みの褐色で、メロンに似た香りを放つ

1日目の花の断面。筒の奥に向かう白い毛がハエを後戻りさせない

甘いメロンのような香りで小さなハエを誘う。細い筒の中には下向きの毛が密生し、ハエは後戻りできず、奥の小部屋の中に閉じ込められてしまう。小部屋の中には雌しべがあり、ハエに花粉がついていれば受け取る。翌日、雄しべは花粉を出してハエにつけ、筒の毛は縮れてハエを脱出させる。だが、ハエは香りに誘われ、また花に入ってしまう。

| ウマノスズクサ科カンアオイ属 | *Heterotropa muramatsui var. tamaensis* | キノコバエ |

タマノカンアオイ　多摩の寒葵

はい込み / 初夏

葉の陰にひっそり咲き、内壁にはキノコに似たひだがある

キノコバエの1種（成虫）。幼虫はキノコを食べて成長する

カビの生えたキノコバエの卵。花の中ではふ化できないのだ

虫媒花なのにこれほど目立たない花はない。花は褐色でしかも地表で咲く。キノコのような匂いにだまされ、幼虫がキノコを食べて育つキノコバエが来る。花の内部に並ぶ小さなくぼみがキノコのひだに似た感触で、キノコバエはそこに卵を産む。その際、体に花粉がつき、キノコだと思って訪れた次の花の雌しべに花粉をつけるのだという。

| クワ科イチジク属 | *Ficus erecta* | イヌビワコバチ |

イヌビワ　犬枇杷

はい込み / 集合 / 春夏秋冬

イヌビワコバチ♀。卵を産むため若い壺の入り口に集まった

雄株の壺。中で次世代のイヌビワコバチがたくさん羽化した

雌株の実。甘く熟しタネを運ぶ動物に食べられるのを待つ

イチジクの実を小形にしたような壺の中に花の集団がある。雄株の壺ではタネを幼虫に食わせてイヌビワコバチを育てる。成虫は壺の出口近くに咲く雄花の花粉を受け取って脱出し、卵を産みに別の若い壺にもぐる。入ったのが雄株の壺なら、中の花に卵を産み、次世代のハチが育つ。雌株の壺なら、花は受粉して甘い実に包まれたタネができる。

| ユリ科ハラン属 | *Aspidistra elatior* | キノコバエ |

ハラン　葉蘭

はい込み／冬・早春／緑〜褐

キノコバエの1種。八重のバラのような雌しべの上で交尾する

花に餌はなく、匂いでハエを誘い、だまして花粉を運ばせる

花の断面。キノコ形の雌しべの下には淡黄色の雄しべがある

地上に直径3cmほどの赤褐色の花が咲き、かすかにキノコのような匂いを発する。匂いに誘われて体長2.5mmほどのキノコバエが訪れ、雌しべの上にあるひだに卵を産もうとする。そして傘形の雌しべと花びらのすき間から花の内部に出入りすると、花粉はハエについてほかの花に運ばれる。卵から幼虫がかえっても、花は食べられないため餓死する。

| ラン科シュンラン属 | *Cymbidium goeringii* | ハナバチ |

シュンラン　春蘭

はい込み／春／緑〜褐

赤い斑点のある花に蜜はなく、ハチをだまして花粉塊を運ばせる

ハチの模型。背に黄色い花粉塊がついた様子の再現

蕊柱の先端と花粉塊。◀が柱頭、キャップの中には花粉塊

雄しべ雌しべが一体化した蕊柱(ずいちゅう)の先に、ハチに張りつくための粘着盤のついた花粉の塊（花粉塊(かふんかい)）がある。蜜がないことを知ったハチが花から出るときがチャンス。背中に花粉塊をペタッとつける。黄色い花粉塊は、初めはキャップを被っているが、やがて外れて次に訪れた花の蕊柱のくぼみに渡される。花の少ない早春、ハチは蜜があると思い訪れるのだ。

| ラン科アツモリソウ属 | *Cypripedium japonicum* | マルハナバチ |

クマガイソウ　熊谷草

はい込み　初夏

脱出中のヒメハナバチの1種。
マルハナバチなら花粉がつく

大きな袋状の花びらの真ん中
に、入り口が見える

袋の断面上部。いくつもの明か
り窓と雌しべの先や雄しべがある

緑色の花びらの下に赤紫色の袋があり、袋にはハ
チを誘い入れる小さな入口がある。しかし、中に
入っても蜜などの餌はない。ハチが気づいたとき
には、入口は小さく閉じてしまって後戻りできな
い。だが、上方のステンドグラス状の部分から光
がもれて出口も見える。そこから出るとき、マル
ハナバチの背中に花粉がべったりとつく。

緑〜褐

72

| サトイモ科テンナンショウ属 | *Arisaema thunbrgii* subsp. *urashima* | 小形のハエ |

ウラシマソウ　浦島草

集合　はい込み　初夏

ウラシマソウ。餌なしで今日は
何が釣れるかな？

雄の苞の内部。小さい雄花が多
数あり、釣り糸は花穂の軸の延長

雌の苞の中。緑色の粒々が雌し
べで、小さなハエが入っている

花の穂を包む苞から紫褐色の長い糸を出し、釣り
をする浦島太郎。釣るのは小さなハエ。かすかな
キノコ臭でおびき寄せ、糸を伝わせ苞の中に導く。
糸の下部や苞の内面はつるつるで、後戻りはでき
ず、ハエは苞の下にある穴から脱出する。苞の中
を歩き回る間についた花粉は、雌の苞に入ったと
き雌しべにつく。餌はなくハエはだまされるのだ。

緑〜褐

| キキョウ科キキョウ属 | *Platycodon grandiflorum* | ハナバチ |

キキョウ　桔梗

独立　夏

青〜青紫

雄の時期の花。雄しべは淡黄色の花粉を雌しべの毛に預けた

雌の時期の花。オオマルハナバチが訪れている

群れ咲く花。近づくと、性転換の様々な段階の花が見られる

開花すると、雌しべにぴったり寄り添っていた5本の雄しべは、雌しべに向けて花粉を出し、そこに生えている細かい毛に一時預ける。その花粉を訪れた昆虫に渡すのだ。花粉がなくなったころ、雌しべの先が星のように開き、昆虫から花粉を受け取る。こうして花は雄から雌に性転換し、同じ花の花粉を受けないようにしている。

| キキョウ科ツリガネニンジン属 | *Adenophora triphylla* var. *japonica* | ハナバチ・セセリチョウ |

ツリガネニンジン　釣鐘人参

下向き　秋

青〜青紫

左から右へ、蕾、雄の時期、雌の時期と性が変わる

ツヤハナバチの1種。雌しべを足場に花にはい込む

たくさんの花を釣り下げ、昆虫の訪れを待っている

キキョウと同じ方法で雄しべが雌しべに花粉を託す。花冠の中に隠れているので、中を見せてもらった。左：蕾の中で雄しべが雌しべに花粉を渡している。中：開花し花粉をもらった雌しべが、ベルの舌のように伸びた。右：雌しべの先が開き、花粉を受ける。下向きの花から蜜を吸うことのできるハナバチとセセリチョウが、花粉を媒介する。

| マツムシソウ科マツムシソウ属 | *Scabiosa japonica* | ハナアブ |

マツムシソウ 松虫草

集合 夏〜秋

青〜青紫

ハナアブはこの花が好きで、訪れた虫の90％以上のこともある

ニホンミツバチ。雄の時期の頭花から蜜を吸っている

雌の時期の頭花。葯が散ったあと、雌しべが一斉に伸びる

青紫の花は、小さな花の集合で頭花と呼ばれる。個々の花は花びらが4つに裂け、雄しべが4本ある。頭花周囲の花の花びらは大きく、昆虫に花の存在を宣伝する。開花は頭花の周辺と中心近くの花から始まり、不規則に咲き進むが、すべての花が花粉を出し切ると、雌しべが一斉に伸び、頭花を構成する花はみな雌に変わる。

| ゴマノハグサ科クワガタソウ属 | *Veronica persica* | ハナバチ・ハナアブ |

オオイヌノフグリ 大犬の陰嚢

独立 春

青〜青紫

前肢で白い雄しべにしがみついたホソヒラタアブ

2本の雄しべは付け根が細い。中央には雌しべが見える

花はアブが活動できる15℃になると、満開になる

葉の腋から出た長い柄の先に、1cmに満たない青い花をつける。体重わずか0.03gのホソヒラタアブが止まっても、その柄は曲がってしまう。お米1粒半の重さだ。アブは落ちないように突き出た雄しべにつかまるが、雄しべの付け根は細く、これも曲がる。曲がると雄しべの先がアブのほうに引き寄せられ、アブに花粉がつき運ばれていく。

| ユキノシタ科アジサイ属 | *Hydrangea involucrata* | ハナバチ・甲虫 |

タマアジサイ 玉紫陽花

集合 / 夏 / 青〜青紫

花粉を食べに来たヨツスジハナカミキリ。甲虫は平たい花が好き

トラマルハナバチ。株から株へ移動する効率のいい送粉者

蕾。苞が成長中の花を丸く包んで保護し、その名の由来となる

飛行が下手な甲虫にも止まりやすいよう、小さく青い花が平たい穂をつくる。穂の周囲には、白く大きい装飾花が餌の存在を宣伝している。蜜はなく花粉が昆虫の餌。花粉は貴重なタンパク源なので、それを食べようと♀の甲虫が訪れ、♀を目当てに♂が来てペアとなる。時々現れるマルハナバチの仲間は、穂の上をせわしなく動き回って花粉を集める。

75

| ツユクサ科ツユクサ属 | *Commelia communis* | ハナアブ・小形のハナバチ |

ツユクサ 露草

独立 / 夏 / 青〜青紫

両性花。蜜はなく餌は花粉だけ。奥の3つの雄しべが偽花粉を出す

キタヒメヒラタアブ。偽花粉を食べている

左:餌用の偽花粉。右:受精力があり形の整った本物の花粉

偽の花粉をつくる花。花には3つのタイプの雄しべがあり、花の中心に3本ある最も派手で黄色い雄しべが偽花粉を作る。黄色は昆虫にとって餌のサイン。誘われてその雄しべをなめているうちに、花の前方に伸びている雄しべの本当の花粉を昆虫の尻につけるのだ。昆虫に気づかれないようにと、本当の花粉をつくる雄しべは地味だ。

| シソ科ヤマハッカ属 | *Rabdosia trichocarpa* | マルハナバチ・スズメバチ |

クロバナヒキオコシ　黒花引起

操作　夏

ホオナガスズメバチの1種。蜜を吸う顎に雄しべが触れている

花の咲いた枝。花は長さ6〜8mmと小さく、黒い点として写る

マメ科の花にそっくり。雄しべ雌しべは下の花びらの中ある

黒く見える濃紫色の花の先は大きく上下に分かれ、下側の花びらの中に雄しべ雌しべの先が収まっている。ハチが止まると重みで下の花びらが下がるが、中の雄しべ雌しべは位置を変えないため先が出てハチの腹面に触れる。こうして花粉を授受する。操作形の花にしては珍しく、小形のスズメバチが好んで訪れる。

| クマツヅラ科ランタナ属 | *Lantana camara* | チョウ・スズメガ |

シチヘンゲ（ランタナ）　七変化

集合　夏〜秋

イチモンジセセリ。色が区別でき、必ず新鮮な花に口を差し込む

花の穂。蜜がある花は黄色く、蕾や古い花との区別は簡単だ

黄色い花の雄しべは元気だが、赤い花では枯れている

チョウにも色が区別できるのだと実感できる花だ。40〜50個の小さな花が集まって半球形の穂をつくり、外側の花から内側の花へと順に咲いていく。咲きたての花は黄色かオレンジ色で、日が立つと黄色味が薄れ、蕾のときと同じ色にもどる。黄色の強い花には蜜があり、花粉も元気。チョウが口を差し込むのは必ず新鮮な黄色い花だ。

| スミレ科スミレ属 | *Viola tricolor* | ハナバチ |

サンシキスミレ (パンジー)　三色菫

はい込み　春

コマルハナバチ♂。雌しべの下に口を差し込んで蜜を吸う

花びらの模様の中心に丸く淡緑色の雌しべの先がある

緑色のガクの後ろに、蜜を守る距がちょこんと出ている

花の色は様々だが、スミレの仲間の特徴はまだ保たれている。花の中心には花粉を受ける丸く淡緑色の雌しべの先が、横からは花弁の後ろの蜜を守る袋（距：◀）が見える。マルハナバチの仲間やヒゲナガハナバチが蜜を吸いに訪れ、頭を花の中に差し込む。そのとき受粉するが、花が終わると人間に引き抜かれてしまう運命にある。

77

| マメ科ノボリフジ属 | *Lupinus* sp. | ハナバチ |

ノボリフジ (ルピナス)　昇藤

操作　初夏

ミツバチが飛び去った直後。とがった舟弁の先が見える

大きな袋のような翼弁がハチの止まり場となる

様々な種類が掛け合わされて、黄・赤・紫・白と色も様々

花が大きくてハチを真似る実験には最適だ。下側のふっくらした花びら（翼弁）をそっと押し下げると、角のような花びら（舟弁）の先が出てくる。そのとき舟弁に詰まっていた花粉が、とがった先端からしぽり出される。ハチはそれを幼虫のタンパク源として巣に持ち帰るが、その一部が雌しべの先についてタネができる。蜜はなくチョウは来ない。

| スベリヒユ科スベリヒユ属 | *Portulaca* sp. | ハナバチ・ハナアブ |

ハナスベリヒユ（ポーチュラカ） 花滑莧　独立　夏

ペンの先で軽くなでる。強くなでると麻痺して動かない

セイヨウミツバチ。蜜を吸い橙色の花粉を後肢に集めた

雄しべが刺激のきたほうに曲がった状態

昆虫が来ると雄しべが動く。昆虫の代わりにペンの先などで軽く雄しべをなでると、2〜3秒後に雄しべが圧力を受けたほうに曲がる。このように動くので、昆虫が雄しべに触れると、先が昆虫に押しつけられ、花粉をたくさんつけることができる。チョウも訪れるが、長い口で蜜を吸うので、花粉は運ばない。マツバボタンの雄しべも動く。

| スイレン科スイレン属 | *Nymphaea* sp. | ハナアブ・甲虫 |

スイレン 水蓮　独立　夏

開花1日目の花の雌しべのプールに落ちたアシブトハナアブ

開花2日目の花で花粉を食べているシロテンハナムグリ

交配により様々な色のスイレンがつくられている

スイレンを見るなら夏の温室がいい。開放された窓から昆虫が訪れるからだ。開花当日の花の中心には透明な液のプールがあり、その下に雌しべがある。昆虫がプールに落ちると、つけてきた花粉は液に拡散する。やがてその液は吸収され、花粉はプールの底にある雌しべにつく。開花2日目には雌しべが閉じ、雄しべが花粉を出す。

種名索引

種名	ページ	花期
アオキ	66	春
アカツメクサ (ムラサキツメクサ)	39	夏
アケボノソウ	50	秋
アズマイチゲ	60	早春
アブラナ	29	春
アヤメ	21	初夏
アレチウリ	66	夏〜秋
イヌタデ	42	秋
イヌビワ	70	春夏秋冬
ウツボグサ	11	初夏
ウド	67	秋
ウマノスズクサ	69	夏
ウマノミツバ	54	夏
ウメ	56	早春
ウメバチソウ	58	秋
ウラシマソウ	72	初夏
エゴノキ	51	初夏
エゾリンドウ	14	秋
エニシダ	28	初夏
オオイヌノフグリ	74	春
オトメザクラ	35	春
オドリコソウ	11	春〜初夏
オランダガラシ (クレソン)	58	初夏
ガガイモ	34	夏〜秋
カタクリ	22	春
カタバミ	27	春〜秋
ガマズミ	48	初夏
カラスウリ	47	夏
カラスノエンドウ	17	春〜初夏
カリガネソウ	13	夏〜秋
カントウタンポポ	24	春
キキョウ	73	夏
キショウブ	31	初夏
キダチアロエ	43	冬
キヅタ	67	初冬

種名	ページ	花期
キバナアキギリ	26	秋
キバナコスモス	24	秋
キンコウカ	32	夏
ギンリョウソウ	53	初夏
クガイソウ	9	夏
クサイチゴ	57	初夏
クサギ	49	夏
クサノオウ	29	春〜初夏
クサレダマ	26	夏
クマガイソウ	72	初夏
クリ	63	初夏
クロバナヒキオコシ	76	夏
コウヤボウキ	46	秋
コオニユリ	44	夏
コスモス	33	秋
コセンダングサ	25	秋
コニシキソウ	55	夏
サザンカ	37	初冬
サラシナショウマ	60	秋
サワギキョウ	8	夏〜秋
サンシキスミレ (パンジー)	77	春
シチヘンゲ (ランタナ)	76	夏〜秋
シュウカイドウ	36	夏〜秋
シュンラン	71	春
ショウジョウバカマ	45	春
ショカツサイ	19	春
シラン	21	初夏
シロツメクサ	55	初夏
スイレン	78	夏
スカシユリ	45	夏
セイタカアワダチソウ	25	秋
ソバ	62	夏〜秋
ソメイヨシノ	40	春
ソラマメ	17	春
タチアオイ	37	初夏

79

種名索引

種名	ページ	花期
タチツボスミレ	15	春
タマアジサイ	75	夏
タマガワホトトギス	32	秋
タマノカンアオイ	70	初夏
ツユクサ	75	夏
ツリガネニンジン	73	秋
ツリフネソウ	16	秋
トウギボウシ	23	夏
ドウダンツツジ	51	春
トキワツユクサ (ノハカタカラクサ)	65	初夏〜夏
トレニア	10	夏〜秋
ナガハシスミレ	16	初夏
ナガミヒナゲシ	41	初夏
ナンテン	61	初夏
ニッコウキスゲ	31	夏
ニラ	64	秋
ニリンソウ	59	春
ネズミモチ	50	初夏
ネムノキ	39	夏
ノアザミ	8	初夏
ノイバラ	56	初夏
ノハナショウブ	22	初夏
ノブキ	47	秋
ノボリフジ (ルピナス)	77	初夏
バイカツツジ	52	夏
ハナスベリヒユ (ポーチュラカ)	78	夏
ハナツクバネウツギ (アベリア)	48	初夏〜秋
ハマゴウ	14	夏
ハマナス	40	初夏
ハラン	71	冬〜早春
ハルジオン	33	春
ハンゲショウ	63	夏
ヒイラギナンテン	30	春
ヒガンバナ	44	秋
ヒツジグサ	61	夏
ヒナタイノコヅチ	69	秋
フキ	46	春
フクジュソウ	30	早春
ホウセンカ	38	夏
ホオノキ	59	初夏
ホタルブクロ	9	初夏
ホツツジ	52	夏
ホトケノザ	12	春
マツムシソウ	74	夏〜秋
ミズバショウ	65	春
ミゾソバ	62	秋
ミソハギ	15	夏
ミツガシワ	49	初夏
ムクゲ	38	夏
ムシトリナデシコ	42	初夏
ムラサキケマン	18	春
ムラサキサギゴケ	10	春〜初夏
ムラサキシキブ	13	初夏
メマツヨイグサ	27	夏
モジズリ (ネジバナ)	43	初夏
モミジイチゴ	57	春
ヤツデ	54	初冬
ヤナギラン	35	夏
ヤブガラシ	68	夏〜秋
ヤブツバキ	36	冬
ヤマオダマキ	20	夏
ヤマジノホトトギス	23	夏〜秋
ヤマツツジ	34	初夏
ヤマトリカブト	19	秋
ヤマハッカ	12	秋
ヤマブキ	28	春
ヤマボウシ	53	初夏
ヤマユリ	64	夏
ルイヨウボタン	68	初夏
レンゲショウマ	20	夏
レンゲソウ (ゲンゲ)	18	春
ワレモコウ	41	秋